“十三五”国家重点出版物出版规划项目
岩石力学与工程研究著作丛书

边坡可靠度更新的贝叶斯方法

蒋水华　李典庆　著

科学出版社
北京

内 容 简 介

本书以边坡参数概率反演及可靠度更新为主题，重点阐述贝叶斯更新基本理论及方法在边坡工程中的应用。本书研究了岩土体参数非平稳分布特性、有限场地信息条件下空间变异参数概率分布推断、边坡参数概率反演及可靠度更新、边坡场地勘查方案优化设计等问题，丰富了贝叶斯更新基本理论，发展了自适应贝叶斯更新方法，建立了岩土体参数先验非平稳随机场模型，揭示了岩土体参数先验信息、似然函数及样本量对边坡参数概率分布推断及可靠度更新的影响规律，提出了基于贝叶斯更新和场地信息量分析的边坡场地勘查方案优化设计方法。

本书可供水利工程、土木工程、岩土工程、结构工程和交通工程等相关专业的教师、研究人员和工程技术人员使用，也可作为高等院校和科研院所相关专业研究生的教学参考书。

图书在版编目(CIP)数据

边坡可靠度更新的贝叶斯方法 / 蒋水华，李典庆著. —北京：科学出版社，2019.10
(岩石力学与工程研究著作丛书)
“十三五”国家重点出版物出版规划项目
ISBN 978-7-03-062362-1

Ⅰ.①边…　Ⅱ.①蒋…②李…　Ⅲ.①贝叶斯方法-应用-岩石-边坡稳定性-研究　Ⅳ.①TU457

中国版本图书馆 CIP 数据核字(2019)第 206855 号

责任编辑：刘宝莉 / 责任校对：郭瑞芝
责任印制：吴兆东 / 封面设计：陈　敬

科 学 出 版 社 出版
北京东黄城根北街 16 号
邮政编码：100717
http://www.sciencep.com
北京厚诚则铭印刷科技有限公司 印刷
科学出版社发行　各地新华书店经销
*
2019 年 10 月第　一　版　开本：720×1000　B5
2022 年　1 月第三次印刷　印张：11 1/4
字数：227 000

定价：88.00 元

(如有印装质量问题，我社负责调换)

《岩石力学与工程研究著作丛书》序

随着西部大开发等相关战略的实施，国家重大基础设施建设正以前所未有的速度在全国展开：在建、拟建水电工程达 30 多项，大多以地下硐室(群)为其主要水工建筑物，如龙滩、小湾、三板溪、水布垭、虎跳峡、向家坝等水电站，其中白鹤滩水电站的地下厂房高达 90m、宽达 35m、长 400 多米；锦屏二级水电站 4 条引水隧道，单洞长 16.67km，最大埋深 2525m，是世界上埋深与规模均为最大的水工引水隧洞；规划中的南水北调西线工程的隧洞埋深大多在 400～900m，最大埋深 1150m。矿产资源与石油开采向深部延伸，许多矿山采深已达 1200m 以上。高应力的作用使得地下工程冲击地压显现剧烈，岩爆危险性增加，巷(隧)道变形速度加快、持续时间长。城镇建设与地下空间开发、高速公路与高速铁路建设日新月异。海洋工程(如深海石油与矿产资源的开发等)也出现方兴未艾的发展势头。能源地下储存、高放核废物的深地质处置、天然气水合物的勘探与安全开采、CO_2 地下隔离等已引起高度重视，有的已列入国家发展规划。这些工程建设提出了许多前所未有的岩石力学前沿课题和亟待解决的工程技术难题。例如，深部高应力下地下工程安全性评价与设计优化问题，高山峡谷地区高陡边坡的稳定性问题，地下油气储库、高放核废物深地质处置库以及地下 CO_2 隔离层的安全性问题，深部岩体的分区碎裂化的演化机制与规律，等等。这些难题的解决迫切需要岩石力学理论的发展与相关技术的突破。

近几年来，863 计划、973 计划、“十一五”国家科技支撑计划、国家自然科学基金重大研究计划以及人才和面上项目、中国科学院知识创新工程项目、教育部重点(重大)与人才项目等，对攻克上述科学与工程技术难题陆续给予了有力资助，并针对重大工程在设计和施工过程中遇到的技术难题组织了一些专项科研，吸收国内外的优势力量进行攻关。在各方面的支持下，这些课题已经取得了很多很好的研究成果，并在国家重点工程建设中发挥了重要的作用。目前组织国内同行将上述领域所研究的成果进行了系统的总结，并出版《岩石力学与工程研究著作丛书》，值得钦佩、支持与鼓励。

该丛书涉及近几年来我国围绕岩石力学学科的国际前沿、国家重大工程建设中所遇到的工程技术难题的攻克等方面所取得的主要创新性研究成果，包括深部及其复杂条件下的岩体力学的室内、原位实验方法和技术，考虑复杂条件与过程（如高应力、高渗透压、高应变速率、温度-水流-应力-化学耦合）的岩体力学特性、变形破裂过程规律及其数学模型、分析方法与理论，地质超前预报方法与技术，工程地质灾害预测预报与防治措施，断续节理岩体的加固止裂机理与设计方法，灾害环境下重大工程的安全性，岩石工程实时监测技术与应用，岩石工程施工过程仿真、动态反馈分析与设计优化，典型与特殊岩石工程（海底隧道、深埋长隧洞、高陡边坡、膨胀岩工程等）超规范的设计与实践实例，等等。

岩石力学是一门应用性很强的学科。岩石力学课题来自于工程建设，岩石力学理论以解决复杂的岩石工程技术难题为生命力，在工程实践中检验、完善和发展。该丛书较好地体现了这一岩石力学学科的属性与特色。

我深信《岩石力学与工程研究著作丛书》的出版，必将推动我国岩石力学与工程研究工作的深入开展，在人才培养、岩石工程建设难题的攻克以及推动技术进步方面将会发挥显著的作用。

2007年12月8日

《岩石力学与工程研究著作丛书》编者的话

近 20 年来，随着我国许多举世瞩目的岩石工程不断兴建，岩石力学与工程学科各领域的理论研究和工程实践得到较广泛的发展，科研水平与工程技术能力得到大幅度提高。在岩石力学与工程基本特性、理论与建模、智能分析与计算、设计与虚拟仿真、施工控制与信息化、测试与监测、灾害性防治、工程建设与环境协调等诸多学科方向与领域都取得了辉煌成绩。特别是解决岩石工程建设中的关键性复杂技术疑难问题的方法，973 计划、863 计划、国家自然科学基金等重大、重点课题研究成果，为我国岩石力学与工程学科的发展发挥了重大的推动作用。

应科学出版社诚邀，由国际岩石力学学会副主席、岩土力学与工程国家重点实验室主任冯夏庭教授和黄理兴研究员策划，先后在武汉市与葫芦岛市召开《岩石力学与工程研究著作丛书》编写研讨会，组织我国岩石力学工程界的精英们参与本丛书的撰写，以反映我国近期在岩石力学与工程领域研究取得的最新成果。本丛书内容涵盖岩石力学与工程的理论研究、试验方法、试验技术、计算仿真、工程实践等各个方面。

本丛书编委会编委由 75 位来自全国水利水电、煤炭石油、能源矿山、铁道交通、资源环境、市镇建设、国防科研领域的科研院所、大专院校、工矿企业等单位与部门的岩石力学与工程界精英组成。编委会负责选题的审查，科学出版社负责稿件的审定与出版。

在本丛书的策划、组织与出版过程中，得到了各专著作者与编委的积极响应；得到了各界领导的关怀与支持，中国岩石力学与工程学会理事长钱七虎院士特为丛书作序；中国科学院武汉岩土力学研究所冯夏庭教授、黄理兴研究员与科学出版社刘宝莉编辑做了许多烦琐而有成效的工作，在此一并表示感谢。

“21 世纪岩土力学与工程研究中心在中国”，这一理念已得到世人的共识。我们生长在这个年代里，感到无限的幸福与骄傲，同时我们也感觉到肩上的责任重大。我们组织编写这套丛书，希望能真实反映我国岩石力学与工程的现状与成果，希望对读者有所帮助，希望能为我国岩石力学学科发展与工程建设贡献一份力量。

《岩石力学与工程研究著作丛书》
编辑委员会
2007年11月28日

前　言

随着我国水利水电、高速铁路、公路和矿山露天开采等基础工程建设规模的扩大，出现了大量的工程边坡并发生了许多滑坡事件，这些工程边坡及滑坡的稳定性评价及安全性控制问题已成为岩土工程研究的重点，可靠度分析与风险评价是研究边坡及滑坡稳定性问题的重要技术手段。其中，确定合理的岩土体参数概率模型是边坡可靠度分析与风险评价的重要一步，岩土体参数概率分布推断的合理性及其统计特征估计的准确性均会直接影响边坡可靠度分析与风险评价的精度。然而，有限场地信息条件下如何推断并获得与工程实际吻合的岩土体参数概率分布，考虑岩土体参数空间变异性、非平稳分布特征的边坡参数概率反演以及可靠度更新等问题没有得到有效解决；岩土体参数先验信息、似然函数及样本量对边坡参数概率分布推断及可靠度更新的影响规律研究较少；在参数概率反演及贝叶斯更新基础上的边坡场地勘查方案优化设计问题研究几乎是空白。本书针对上述几个关键科学问题，紧扣贝叶斯更新方法这条主线开展了深入、系统的研究工作，取得了一系列研究成果。本书主要内容如下：

(1) 发展自适应贝叶斯更新方法，建立定量的子集模拟自适应计算终止条件，阐明岩土体参数先验概率分布、似然函数及样本量对边坡参数概率分布推断及可靠度更新的影响，较好地解决了空间变异参数概率分布推断的难题，在贝叶斯更新基本理论及方法应用于实际工程边坡及滑坡稳定性分析与设计方面迈出了重要一步。

(2) 建立可表征不排水抗剪强度参数随埋深增加特性的先验非平稳随机场模型，推导参数非平稳随机场均值及标准差计算表达式，并将所建立的模型与现有非平稳随机场模型及平稳随机场模型进行系统比较，同时揭示参数非平稳分布特征对边坡可靠度的影响规律，为边坡参数概率反演及可靠度更新奠定了一定的基础。

(3) 提出岩土体参数条件随机场模拟的贝叶斯更新方法，发展了参数条件随机场模拟的解析方法，同时将条件随机场与完全随机场模拟方法进行系统比较，探讨钻孔位置与钻孔布置方案对边坡可靠度更新的影响规律，为充分利用有限的多源场地信息概率反演岩土体参数统计特征和更新边坡可靠度评价提供了一个重要的工具。

(4) 借助自适应贝叶斯更新方法建立边坡岩土体参数概率反演及可靠度更新的一体化分析框架,实现了基于多源场地信息概率反演空间变异岩土体参数统计特征及更新边坡可靠度评价。以三个代表性边坡为例说明了所建立的分析框架的有效性,从而为解决复杂工程边坡及滑坡参数概率反演及可靠度更新评价难题奠定了基础。

(5) 提出基于贝叶斯更新和场地信息量分析的边坡场地勘查方案优化设计方法,实现了在边坡场地勘查试验之前仅利用现有的岩土体参数先验信息有效确定最优钻孔位置和最佳钻孔间距,为边坡场地勘查方案优化设计提供了重要的理论和技术支撑。

全书共 7 章。第 1 章阐述本书研究背景及意义,重点概述相关研究现状,指出目前研究存在的问题与不足,总结本书需要解决的几个关键科学问题。第 2 章介绍贝叶斯更新基本理论及方法。第 3 章建立可表征不排水抗剪强度参数随埋深增加特性的先验非平稳随机场模型,并揭示参数非平稳分布特征对边坡可靠度的影响规律。第 4 章提出岩土体参数条件随机场模拟的贝叶斯更新方法,并探讨钻孔位置与钻孔布置方案对边坡可靠度更新的影响规律。第 5 章建立基于自适应贝叶斯更新方法的边坡参数概率反演及可靠度更新一体化分析框架。第 6 章提出基于贝叶斯更新和场地信息量分析的边坡场地勘查方案优化设计方法。第 7 章总结全书的主要研究内容,并展望需要进一步研究的问题。

本书相关的研究工作得到了国家自然科学基金项目(41867036、51509125、41972280、51679117、U1765207)和江西省自然科学基金项目(2018ACB21017、20181ACB20008、20192BBG70078)的资助,在此对上述项目的资助表示感谢。同时衷心感谢德国慕尼黑工业大学 Daniel Straub 教授和 Iason Papaioannou 博士、澳大利亚纽卡斯尔大学黄劲松教授、南昌大学周创兵教授等为本书相关研究所提供的指导和帮助。

由于作者水平所限,书中难免存在不足之处,恳请读者批评指正。

目　　录

第1章 绪　论

随着我国水利水电、高速铁路、公路和矿山露天开采等基础工程建设规模的扩大,边坡稳定性问题已成为岩土工程研究的重点。边坡工程中存在大量的不确定性因素,包括认知不确定性和物理不确定性[1]。其中因受到沉积、后沉积、化学风化和搬运以及荷载历史等作用,即使是均质岩土体,其特性参数(包括抗剪强度参数、刚度参数和水力参数等)也呈现一定的空间变异性[2~4],这是边坡工程不确定性的主要来源之一,属于认知不确定性范畴,可以通过一定的技术手段予以降低[5]。工程实践中为了准确估计岩土体参数取值并推断其概率分布,进而客观评价边坡稳定性,通常通过室内试验、现场试验或者现场监测等手段获得某一特定岩土场地尽可能多的试验数据,如静力触探试验(cone penetration test,CPT)数据、标准贯入试验(standard penetration test,SPT)数据和十字板剪切试验(vane shear test,VST)数据等,以及边坡变形、孔隙水压和裂缝开度等监测数据,滑裂面位置和边坡失稳等观测信息。然而,受工程勘查成本及试验场地的限制,可获得的试验数据和监测数据通常十分有限[6],有限场地信息条件下如何获得与工程实际吻合的岩土体参数及概率分布并进而客观评价边坡稳定可靠度仍是一个关键难题。

反演分析方法可为准确估计岩土体参数及其统计特征提供一种有效的手段,即首先建立反演分析的解析模型或数值模型,再基于有限的试验数据、监测数据和观测信息等,采用遗传算法、支持向量机、人工神经网络和贝叶斯等反演分析方法获得岩土体参数取值,进而评价边坡稳定性。尽管目前国内外在这方面取得了可喜的研究进展,对边坡工程勘查设计、施工建设和运行管理起到了巨大的推动作用,但是绝大多数研究忽略了岩土体参数固有的空间变异性和非平稳分布特征的影响。大量研究表明,岩土体参数空间变异性和非平稳分布特征对边坡稳定可靠度和滑坡风险都具有非常显著的影响,一旦忽略这种影响便会造成对岩土体参数的有偏估计和对边坡稳定性的错误评价,从而导致不安全或不经济的边坡加固设计方案[7~12]。另外,如果考虑参数空间变异性和非平稳分布特征的作用,边坡参数反演与可靠度分析将变得较为复杂,计算量会急剧增加,当前研究仍不能较好地解决这一关键技术难题。

针对以上难题，本书将基于结构可靠度方法的贝叶斯更新（Bayesian updating with structural reliability methods，BUS）方法与目前发展较为成熟的随机场及岩土工程可靠度理论有机结合，合理描述岩土体参数固有的空间变异性及非平稳分布特征，发展基于结构可靠度方法的自适应贝叶斯更新（adaptive Bayesian updating with structural reliability methods，aBUS）方法，建立边坡岩土体参数概率反演及可靠度更新的一体化分析框架，进而开发一套边坡钻孔和监测点布设方案优化设计方法，有效解决参数概率反演、边坡可靠度更新以及场地勘查方案优化设计等技术难题。本书研究内容既紧密围绕我国边坡工程安全性评价与滑坡灾害防治的实际需求，又紧扣水利水电工程、岩土工程学科前沿，面向重大工程建设需求，因而具有重要的科学意义和显著的工程应用价值。

1.1 贝叶斯更新方法概述

为了有效推断岩土体参数概率分布，获得切合工程实际的参数概率模型，进而真实评价边坡可靠度，陆续发展了经典分布拟合法、最大熵法、多项式逼近法、贝叶斯方法、正态信息扩散法、最大似然（maximum likelihood，ML）方法、马尔可夫链蒙特卡罗（Markov chain Monte Carlo，MCMC）方法、Kriging 插值技术和 Hoffman 方法等[13～24]。虽然这些方法在获取小样本条件下岩土体参数概率模型、岩土体参数概率反演以及可靠度更新方面提供了重要的技术支持，但是研究发现它们存在以下不足：

(1) 经典分布拟合法无法反映样本的随机波动性，难以满足累积概率值为 1.0 的要求；最大熵法的检验值存在大于经典分布检验值的情况；多项式逼近法的概率密度函数在样本数据局部分布区间存在负值；传统的贝叶斯方法大多仅适用于参数先验概率分布和似然函数存在共轭关系的情况；正态信息扩散法中正态信息扩散窗宽的确定有一定的难度；ML 方法采用线性近似可能造成较大的计算误差；MCMC 方法存在一段较长的波动段，尤其对于高维概率分布推断问题，其计算量会随着参数数量的增加而急剧增大；Kriging 插值技术计算过程烦琐；Hoffman 方法尽管计算简便，但是不能考虑试验数据测量不确定性的影响。因此，亟须发展高效的岩土体参数概率分布推断方法。

(2) 目前岩土体参数概率分布推断大多是基于现场或室内试验数据，较少利用岩土结构变形、应力、孔隙水压、加固力和裂缝开度等监测数据，结构安全状态和潜在滑裂面位置等观测信息，以及专家经验与文献资料等综合推断参数概率分布。

(3) 目前缺少在岩土体参数概率分布推断基础上的边坡可靠度高效分析框架。

(4) 目前关于岩土体参数先验信息、似然函数和样本量大小对边坡参数概率反演和可靠度更新的影响研究非常有限。

贝叶斯更新方法通过融合岩土体参数先验信息，充分利用有限的试验数据、监测数据和观测信息等多源场地信息推断岩土体参数概率分布，为边坡参数概率反演和可靠度更新评价提供了一条有效的途径。需要指出的是，BUS 方法可以较好地数值推断高维后验概率分布，具有较大的解决实际工程边坡参数概率反演及可靠度更新评价问题的能力[25,26]。该方法首先基于多源场地信息建立似然函数，再引入似然函数乘子 c 定义一个新的场地信息事件失效区域，据此将一个复杂的高维参数概率反演问题转换为等效的结构可靠度问题；然后利用岩土体参数先验信息作为输入，采用子集模拟求解该结构可靠度问题得到参数后验随机样本[27,28]；最后根据后验随机样本推断参数目标概率分布。

目前该方法在空间变异岩土体参数概率分布推断以及边坡、板桩墙和浅基础等结构和岩土可靠度更新评价中得到了较好的应用。例如，Straub 和 Papaioannou[26]采用 BUS 方法更新了板桩墙可靠度；Straub 等[29]采用 BUS 方法更新了作用在空间变异土体上的条形基础可靠度；Giovanis 等[30]结合 BUS 方法和人工神经网络代理模型研究了复杂结构可靠度更新问题；Jiang 等[31]采用 BUS 方法概率反演岩土体参数并更新边坡可靠度；Cao 等[32]考虑土体分类指数 I_c的空间变异性，采用 BUS 方法自动划分土层，识别最可能的土层界面并定量表征土层界面的不确定性；DiazDelaO 等[33]、Byrnes 和 DiazDelaO[34]以及 Betz 等[35,36]对 BUS 方法进行了改进，提高了其计算精度和效率。尽管如此，BUS 方法仍然存在似然函数乘子合理取值问题、不同来源不同类型的多源场地信息融合问题以及考虑时间效应的空间变异岩土体参数的序贯反演问题等。因此，非常必要进一步改进和优化 BUS 方法，简化其计算流程，提高其计算精度和效率，最终能够较好地解决空间变异参数概率反演、边坡可靠度更新及场地勘查方案优化设计等问题。

虽然贝叶斯更新方法能够充分利用先验信息和有限的场地信息推断岩土体参数概率分布和更新边坡可靠度评价，但是岩土体参数先验信息、似然函数以及试验样本量对边坡参数概率分布推断及可靠度更新的影响研究较少[19,37~39]。考虑岩土体参数空间分布特性的先验信息包括均值、变异系数、概率分布、自相关函数、波动范围和互相关系数等。由于场地信息有限,岩土体参数先验信息一般通过工程类比判断、专家经验、地勘报告和文献资料以及现场观察等途径获得[40]。通常假设岩土体参数服从正态分布或对数正态分布,似然函数选用多维联合正态分布或多维联合对数正态分布[19,41],自相关结构选用指数型或高斯型自相关函数[7,42],水平波动范围和垂直波动范围分别在 3～80m 和 0.1～6.2m 内取值[3],黏聚力和内摩擦角间的互相关系数在[−0.7,0]内取值[10],不同岩土体参数的变异系数根据文献[1]、[3]和[43]取值。尽管在难以获得足够试验数据和监测数据的前提下,通过上述途径确定岩土体参数先验信息在一定程度上是可行的,但是通过这种方式获得的参数先验信息不能直观反映边坡工程实际状态,其合理性有待进一步验证。此外,不同类型的场地信息融合及其对边坡岩土体参数概率反演及可靠度更新的影响研究非常有限。基于边坡勘查设计、施工建设和运行管理全生命周期长序列监测数据的岩土体参数概率反演缺乏理论依据,需要进行深入研究。这些研究成果将会反过来帮助和指导工程师有效地确定对边坡稳定性有重要影响的岩土体参数先验信息并有针对性地开展边坡场地勘查试验。

1.2 岩土体参数反演研究

边坡在服役过程中受库水位变化、降雨和地震等外界荷载作用导致边坡参数(抗剪强度参数、刚度参数和渗透系数等)发生明显改变,如果仍然利用初始条件下的参数进行边坡稳定性分析,会导致评价结果存在偏差。因此,为了能客观评价边坡安全性水平,需要采取一定的监测手段获得边坡变形、孔隙水压等现场监测资料,必要时辅助开展现场和室内试验获得相关试验数据,再通过反演分析获得与边坡稳定性直接相关的真实参数,最后基于真实参数进行边坡稳定性分析得到与工程实际吻合的计算结果,进而制定切实有效的滑坡风险控制措施。

1.2.1 岩土体参数反演

岩土体参数反演分析是准确评价边坡变形稳定性的关键一步,目前国内外学者在这方面开展了大量有益的研究工作。例如，董学晟等[44]基于钻孔倾斜计量测到的位移反演获得新滩滑坡体等效弹性模量。Deng 和 Lee[45]基于三峡工程永久船闸边坡变形监测数据反演分析岩体弹性模量。李端有和甘孝清[46]基于变形监测数据反演分析清江杨家槽滑坡体等效力学参数。魏进兵等[47]基于蓄水期水库水位及滑坡体地下水位监测资料，采用遗传算法反演分析泄滩滑坡各地层渗透系数。Xu 等[48]反演分析了降雨条件下向家坝水电站库区某滑坡体的抗剪强度参数。Tschuchnigg 等[49]基于边坡失稳观测信息采用有限元极限分析和强度折减法反演土体力学参数。张红日等[50]提出了基于岩质边坡变形监测数据的滑带参数拟合反演方法。Öge[51]基于边坡失稳观测信息反演分析土体力学参数，并将反演结果与现场及室内试验结果进行了对比。Lv 等[52]基于地震前后边坡稳定与失稳状态以及监测数据，反演分析岩土体抗剪强度参数。邓东平等[53]在极限平衡分析框架下根据边坡稳定性分析结果反演抗滑强度参数。徐青和葛韵[54]依据边坡稳定状态计算力学参数反演值，再以力学参数反演值对雾江滑坡进行稳定性评价。徐志华等[55]基于锚杆轴力监测数据，采用遗传算法反演分析楔形体结构面抗剪强度参数。Sun 等[56]基于开挖引起的边坡变形，采用多目标优化方法反演岩土体弹性模量。李培现等[57]提出基于地表移动矢量的参数反演概率积分法。上述参数反演研究均属于确定性分析范畴，只能基于监测数据和观测信息等反演获得某一组边坡或滑坡体参数，虽然计算过程相对简便，但是忽略了岩土体参数不确定性对参数反演分析的影响。

1.2.2 岩土体参数概率反演

为了获得切合工程实际的岩土体参数，有必要考虑岩土体参数不确定性的作用。为此，一些学者提出了参数概率反演分析方法，并应用于边坡、基桩等岩土工程中，主要包括以下三个方面：

(1) 基于现场或室内试验数据的岩土体参数概率反演研究。徐军等[14]结合贝叶斯理论和模糊综合评判方法，推断小样本试验数据条件下岩土体参数概率分布。Zhang[58]基于标准贯入试验及基桩荷载试验数据，采用贝叶斯方法修正基桩可靠度设计。陈炜韬等[59]基于长序列隧道浅埋段第四系坡残积黏性土抗剪强度参数试验数据，采用贝叶斯方法优化黏聚力和内摩擦角概率分布。程圣国等[60]基于少量的试验数据，采用贝叶斯方法概率反演千将坪滑坡体抗剪强度参数。Miranda 等[41]建立了基于现场试验数据的多步贝叶斯更新框架。杨令强等[61]基于某边坡工程两断层的实测试验数据结合岩石分类确定断层内摩擦角，采用考虑残差的最小二乘拟合方法反演获得断层黏聚力，在此基础上进行边坡稳定可靠度分析。Huang 等[62]基于基桩荷载试验数据，更新了基桩承载力的概率分布。Papaioannou 和 Straub[63]基于直剪试验数据，概率反演土体内摩擦角进而更新浅基础承载力可靠度。Jiang 等[31]采用 BUS 方法基于室内和现场试验数据，概率反演土体不排水抗剪强度参数统计特征。

(2) 基于监测数据的岩土体参数概率反演研究。黄宏伟和孙钧[64]考虑输入与输出不确定性，采用广义贝叶斯方法基于围岩变形反演岩体力学参数。Honjo 等[65]基于变形及孔隙水压监测数据，采用贝叶斯方法反演软黏土地基上堤坝材料的弹性模量和渗透系数。刘世君等[66]考虑岩土体量测数据及力学参数的不确定性，采用区间参数摄动反分析方法基于位移观测值反演岩石力学参数。Papaioannou 和 Straub[67]考虑土体弹性模量的空间变异性，基于板桩墙结构变形监测数据更新了土体弹性模量统计特征。Juang 等[68]基于多步支护开挖引起的地表沉降与挡墙变形监测数据，反演了土体不排水抗剪强度参数和弹性模量。Zhang 等[69]基于孔隙水压监测数据，概率反演了斜坡非饱和土渗透系数。Li 等[70]基于锦屏一级左岸边坡时间序列增量的变形监测数据，采用多步贝叶斯更新方法反演岩体弹性模量及模型偏差系数。左自波等[71]基于孔隙水压时变监测数据，采用自适应差分演化 Metropolis 算法随机反演降雨条件下某天然边坡非饱和土的一维渗流模型参数。Kelly 和 Huang[72]基于沉降与超孔隙水压监测数据，更新了土体一维固结参数的统计特征。Li 等[73]基于龙滩边坡现场变形监测数据，反演了岩体弹性模量和初始水平压力系数。

(3) 基于现场观测信息的岩土体参数概率反演研究。Gilbert 等[74]考虑经验信息、试验结果、测量不确定性和模型转换不确定性，基于边坡失稳观测信息反演 Kettleman Hills 垃圾填埋场边坡抗剪强度参数。张社荣和贾世军[75]利用滑动面以外的地质信息和现场实践经验反演断层带抗剪强度参数。Zhang 等[18]基于某切坡失稳观测信息，采用 ML 方法概率反演切坡的抗剪强度参数与孔隙水压力系数。Zhang 等[19]基于边坡失稳观测信息概率，采用 MCMC 方法反演土体参数统计特征，然后基于更新的参数统计信息重新评价边坡可靠度。Wang 等[20]分别采用 MCMC 方法和

ML 方法概率反演某高速公路滑坡滑动面抗剪强度参数和锚索锚固力。Peng 等[76]采用贝叶斯结合 MCMC 方法融合多源信息，反演分析边坡荷载和岩体结构面强度参数。Schweckendiek 等[77]基于堤防堤基上浮和管涌观测信息反演材料参数概率分布。伍宇明等[78]基于采样点雨前和雨后的边坡稳定性信息以及历史灾害数据，采用 MCMC 方法反演斜坡土体抗剪强度参数及导水系数。Ering 等[79]基于边坡稳定性观测信息，采用最大后验估计方法概率反演降雨诱发的印度 Malin 滑坡体黏聚力、内摩擦角和基质吸力。Jahanfar 等[80]基于城市垃圾填埋场边坡失稳观测信息，反演材料参数概率分布。

综上可知，参数概率反演研究大多采用随机变量模型表征岩土体参数的不确定性，然而，大量现场试验数据表明天然岩土体特性参数呈现一定的空间变异性[3,81,82]，即岩土体剖面不同位置处的参数既存在明显的差异，又具有一定的自相关性。另外，受上覆岩土层应力历史的影响，岩土体抗剪强度参数、渗透系数等与埋深有关，呈现一定的非平稳分布特征[83~85]。例如，不排水抗剪强度参数和有效内摩擦角及其均值和标准差一般随着埋深的增加而增大[86~88]（见图 1.1），而渗透系数沿埋深逐渐减小[12,89,90]。显然，随机变量模型不能有效地揭示岩土体参数固有的空间变异性和非平稳分布特征对参数概率反演的重要影响。为了获得更为符合工程实际的边坡或滑坡体参数，参数反演分析需要合理解释岩土体参数固有空间变异性及非平稳分布特征的影响。

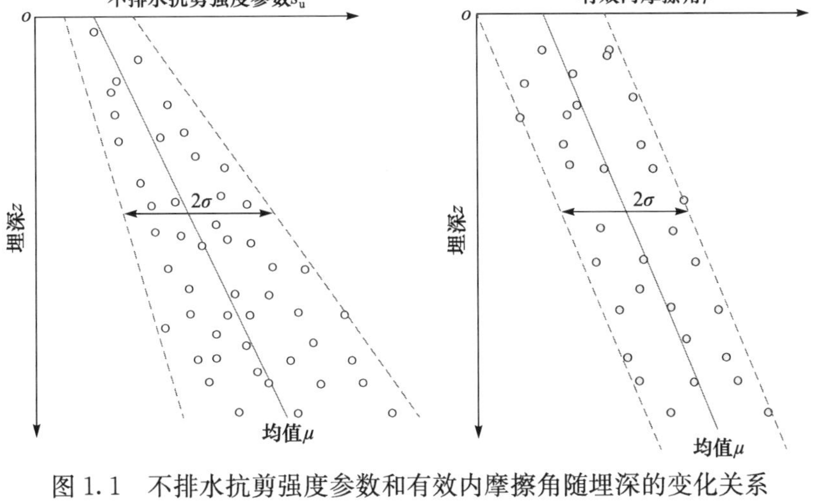

图 1.1 不排水抗剪强度参数和有效内摩擦角随埋深的变化关系

近年来，一些学者认识到岩土体参数空间变异性对参数反演分析的重要影响，并在这方面开展了一些研究工作。Wang 等[91]考虑参数空间变异性的影响，基于钻孔试验和静力触探试验数据，反演分析上海国家会展中心地基土体压缩模量。Ering 和 Sivakumar-Babu[92]考虑参数空间变异性，概率反演印度某滑坡体抗剪强度参数，并指出忽略参数空间变异性会高估反演分析结果的不确定性，进而导致不经济的边坡加固设计方案。Yang 等[93]基于边坡孔隙水压监测数据，采用 MCMC 方法概率反演空间变异土体渗透系数。Liu 等[94]基于与时间相关的孔隙水压监测数据，采用卡尔曼滤波法概率反演土石坝坝体水力参数。Gao 等[95]基于地下洞室变形监测数据，采用线性估计方法序贯反演空间变异弹性模量。Jiang 等[31]基于现场和室内联合试验数据，采用贝叶斯方法概率反演不排水抗剪强度参数及其统计特征。

还有一些学者利用从空间不同位置上获得的试验数据和监测数据等建立岩土体参数条件随机场，进而融合场地信息估计空间变异岩土体参数及其统计特征。吴振君等[9]、Liu 等[96]和 Johari 和 Gholampour[97]利用 Kriging 插值技术建立土体参数条件随机场，并采用随机有限元法进行边坡可靠度分析。Lloret-Cabot 等[98,99]、Firouzianbandpey 等[100]、Li 等[101]、Yang 等[102]和 Chen 等[103]基于 CPT 数据利用 Kriging 插值技术建立条件随机场。张社荣等[104]采用贝叶斯方法融合地质勘查获得的新增地质信息和试验数据建立条件随机场，进而修正溶蚀区域岩土体参数统计特性和分析坝基溶蚀对大坝结构状态的作用效应。Liu 和 Leung[105]与 Xiao 等[82]为较好地表征土体参数三维各向异性空间变异性，采用最大似然方法基于 CPT、SPT 或 VST 数据建立条件随机场。此外，Li 等[106]借助 MCMC 方法建立条件随机场，并概率反演我国香港某地层基岩真实埋深。Lo 和 Leung[23]基于地基下不同埋深处的土体试验样本，采用 Hoffman 方法建立弹性模量和抗剪强度参数条件随机场。Gong 等[24]采用 Hoffman 方法建立土体参数条件随机场进而概率分析隧道纵向性能。Cai 等[107]采用贝叶斯更新方法建立条件随机场，进而基于少量的 CPT 数据估计未取样点处的土体抗力。

目前的研究较少考虑参数空间变异性及非平稳分布特征对参数反演分析的影响，其原因主要如下：①一旦考虑参数空间变异性及非平稳分布特征，反演分析需要同时更新成千上万个随机变量的统计特征，参数概率反演问题是一个高维贝叶斯更新问题，常规的共轭解析方法、近似方法、ML 方法和 MCMC 方法都不能有效解决这一难题[25,26]；②当融合多源场地信息特别是边坡变形、孔隙水压等监测数据以及边坡失稳和滑裂面位置等观测信息时，概率反演分析需要进行大量的确定性边坡变形或稳定性数值计算，这对于复杂边坡来说其计算量非常可观[30,68]。因此，亟须发展高效的可考虑岩土体参数空间变异性及非平稳分布特征的岩土体参数概率反演分析方法。

1.3 边坡可靠度更新评价研究

融合多源场地信息除了可以推断岩土体参数概率分布并估计其统计特征，还可以在此基础上建立边坡可靠度更新框架计算边坡后验失效概率。虽然国内外学者在参数反演基础上的边坡可靠度分析有过一些有益的探索，但是没有合理解释岩土体参数固有空间变异性和非平稳分布特征的影响。张社荣和贾世军[75]在利用滑动面以外的地质信息和现场实践经验反演断层带抗剪强度参数的基础上分析岩石边坡稳定可靠度。杨令强等[61]基于反分析获得的岩石内摩擦角、黏聚力和抗滑桩抗力统计参数更新边坡可靠度评价。Zhang 等[108]基于更新的土体参数统计信息，重新评价边坡稳定可靠度。Zhang 等[69]基于孔隙水压现场监测数据反演获得的非饱和土水力参数进行边坡稳定性分析。伍宇明等[78]基于斜坡稳定信息和历史灾害数据，反演获得的斜坡土体抗剪强度参数及导水系数进行区域斜坡稳定性分析。关于其他岩土结构可靠度更新研究一些学者也进行了有益的探索，如 Papaioannou 和 Straub[67]基于变形监测数据，更新评价板桩墙非线性有限元可靠度。Schweckendiek 等[77]基于堤坝管涌和流土等现场观测信息，采用贝叶斯推断方法更新堤坝管涌可靠度。朱艳等[109]基于实测数据采用贝叶斯方法推断参数后验概率分布，再采用一次二阶矩方法计算围堰结构可靠度。Huang 等[62]基于荷载试验数据，更新评价单桩和群桩极限承载能力可靠度。Papaioannou 和 Straub[63]在空间变异内摩擦角概率反演分析的基础上更新浅基础可靠度。综上，边坡后验失效概率可利用边坡失效和场地信息事件发生的联合概率除以场地信息事件发生的概率获得。

如果可以获得较为完备的岩土体参数统计信息，边坡后验失效概率可直接积分计算，但是当考虑参数空间变异性时，变量数目较多且积分区域较为复杂，直接积分方法基本不可行。理论上可以采用蒙特卡罗模拟(Monte Carlo simulation，MCS)方法分别计算联合概率与场地信息事件发生的概率，然后两者相除得到边坡后验失效概率。然而，联合概率数值通常非常小，需要进行大量的确定性边坡稳定性分析，计算量非常大。因此，如果能够在参数概率反演分析的基础上发展一种高效的边坡可靠度更新方法，合理解释参数空间变异性和非平稳分布特征的影响，直接估计边坡后验失效概率将具有重要的理论价值。

1.4 边坡场地勘查方案优化设计研究

边坡场地勘查方案优化设计包括设计最优的钻孔位置、钻孔间距、钻孔深度和确定最合适的钻孔数目等，据此通过耗费最低的工程勘查成本获得最有价值的现场试验数据和监测数据[110,111]。国内外学者对岩土工程场地勘查方案优化设计进行了一些有益的探索。van Groenigen 等[112]通过最小化基于变差模型的 Kriging 估计值方差获得了有效空间数据测量位置。Cox[113]基于现有的测量数据，采用岩土统计方法自适应确定取样位置。Goldsworthy 等[114]在基于可靠度的垫式基础设计中以均方差最小确定最佳钻孔位置。Gong 等[115]通过多目标优化方法求解某岩土场地勘查方案优化设计问题，并分析了现场钻探成本投入对隧道开挖引起的地面沉降预测的影响。Zetterlund 等[116]通过场地信息量分析对某隧道工程现场勘查方案进行优化设计。彭功勋和刘元雪[117]探讨了岩溶区嵌岩桩钻探勘查方案优化设计问题。宣腾等[118]提出了基于普通 Kriging 插值技术的勘探位置优化设计方法，并应用于确定澳大利亚国家软土试验中心新增地质勘探点。Li 等[101]和 Yang 等[102]采用 Kriging 插值技术研究了钻孔位置及钻孔间距对空间变异边坡稳定性评价的影响。Cai 等[119]通过互相关性和成本效益分析探讨了山坡钻孔取样方案的优化问题。Lo 和 Leung[120]采用 Sobol 敏感性指标方法确定边坡可靠度评价的最优钻孔位置。Cai 等[121]提出了基于极限平衡分析的自适应抽样技术确定边坡最优钻孔位置。Chen 等[103]基于从最优钻孔位置上获取的试验数据，采用 Kriging 插值技术表征苏州某场地的三维地层信息。

虽然这些研究工作对边坡场地勘查方案优化设计具有重要的参考价值，但是所采用的多目标优化方法不仅寻优过程计算量大，而且需要较多的场地信息；对于含多个样本点场地勘查方案的高维优化问题，Kriging 插值技术和 Sobol 敏感性指标方法计算量非常大。相比之下，贝叶斯更新方法可以仅在已知岩土体参数先验信息的前提下优化设计场地勘查方案，从而达到节省工程勘查成本的目的。例如，Sousa 等[122]以虚拟布设的钻探孔为研究对象，提出了基于贝叶斯更新的岩土工程现场勘查方案优化设计方法。Gong 等[123]采用贝叶斯推断方法分析获得工程勘查成本较低的地质勘查方案。Gong 等[24]通过建立参数条件随机场，探讨了勘探钻孔数目对隧道纵向性能预测的影响。Zhao 和 Wang[124]采用信息熵和贝叶斯压缩抽样技术确定岩土场地勘查的最优取样位置。

仅在已知岩土体参数及地层先验信息的前提下优化设计边坡钻孔布置方案是一个关键技术难题。虽然目前对边坡钻孔方案优化设计问题进行了一些有益的探索，但是仍然存在以下不足：

（1）多目标优化方法不仅寻优过程计算量非常大，而且不能较好地利用有限的现场试验数据等场地信息，MCMC 方法及 Kriging 插值技术难以解决考虑岩土体参数空间变异性的边坡钻孔布置方案高维优化设计问题。

（2）现有的钻孔布置方案优化设计较少涉及工程师最为关心的岩土场地失效概率，如边坡失效概率等。

（3）岩土体参数先验信息对钻孔布置方案优化设计非常关键，然而目前在表征岩土体参数先验信息时基本没有考虑岩土体参数空间变异性及非平稳分布特性的作用，从而造成所设计的钻孔布置方案与工程实际存在偏差。

为了制定一套切合工程实际的边坡场地勘查方案，需要建立合理有效的边坡钻孔和监测点布设方案优化设计方法，并深入研究如下关键技术问题：

（1）如何基于参数先验信息真实地模拟现场试验数据和监测数据并合理布设代表性钻孔与监测点。

（2）如何将岩土体参数固有的空间变异性与非平稳分布特征以及岩土场地失效概率合理融入到边坡场地勘查方案优化设计中。

（3）边坡场地勘查方案优化设计如何考虑地层不确定性的影响。

1.5 本书主要研究内容

有限场地信息条件下边坡岩土体参数概率反演及可靠度更新评价是岩土工程学科的一个经典问题，其中天然岩土体参数固有的空间变异性及非平稳分布特征对边坡稳定可靠度有着重要的影响。本书以边坡为主要研究对象，以边坡岩土体参数概率反演及可靠度更新评价为研究目标，以贝叶斯更新方法为主线，介绍了贝叶斯更新基本理论及方法，阐述了子集模拟、拒绝抽样程序、贝叶斯更新方法及自适应贝叶斯更新方法的基本原理及计算流程；以不排水抗剪强度参数为例建立了可表征岩土体参数随埋深增加特性的先验非平稳随机场模型，揭示了参数非平稳分布特征对边坡可靠度的影响规律；提出了岩土体参数条件随机场模拟的自适应贝叶斯更新方法，发展了条件随机场模拟的解析方法以验证自适应贝叶斯更新方法的有效性，探讨了钻孔位置与钻孔布置方案对边坡可靠度更新的影响规律；建立了空间变异边坡岩土体参数概率反演及可靠度更新的一体化分析框架，提出了基于贝叶斯更新和场地信息量分析的边坡场地勘查方案优化设计方法，实现了在边坡场地勘查试验之前仅利用现有的土体参数先验信息有效确定最优钻孔位置和最佳钻孔间距。最后，以不排水饱和黏土边坡、某高速公路滑坡和某失稳切坡等为例验证了提出的自适应贝叶斯更新方法分析复杂岩土体参数概率反演、边坡可靠度更新以及场地勘查方案优化设计问题的有效性。图 1.2 给出了本书总体框架与研究思路。

本书共 7 章，各章内容如下：

第 1 章阐述本书研究背景和意义，全面回顾了岩土体参数反演、贝叶斯更新方法、边坡可靠度更新评价及场地勘查方案优化设计的研究现状，指出了目前研究存在的问题，概述了本书的主要研究内容。

第 2 章从岩土体参数先验信息、似然函数和后验概率分布这三方面介绍了岩土工程贝叶斯更新基本理论，提出了自适应贝叶斯更新方法，建立了定量的子集模拟自适应计算终止条件，阐明了参数先验概率分布、似然函数及样本量对边坡岩土体参数概率分布推断及可靠度更新的影响。

第 3 章建立了可表征不排水抗剪强度参数随埋深增加特性的先验非平稳随机场模型，推导了参数非平稳随机场均值及标准差计算表达式，将所建立的模型与现有非平稳随机场模型及平稳随机场模型进行了系统比较，并揭示了参数非平稳分布特征对边坡可靠度的影响规律。

第 4 章提出了岩土体参数条件随机场模拟的贝叶斯更新方法，发展了条件随机场模拟的解析方法用于验证贝叶斯更新方法的有效性，同时将提出方法与完全随机场模拟方法进行了系统比较，探讨了钻孔位置与钻孔布置方案对边坡可靠度更新的影响规律。

第 5 章建立了空间变异边坡岩土体参数概率反演及可靠度更新的一体化分析框架，实现了基于多源场地信息概率反演空间变异岩土体参数统计特征进而更新边坡可靠度评价，以三个代表性边坡为例说明了所建立的分析框架的有效性。

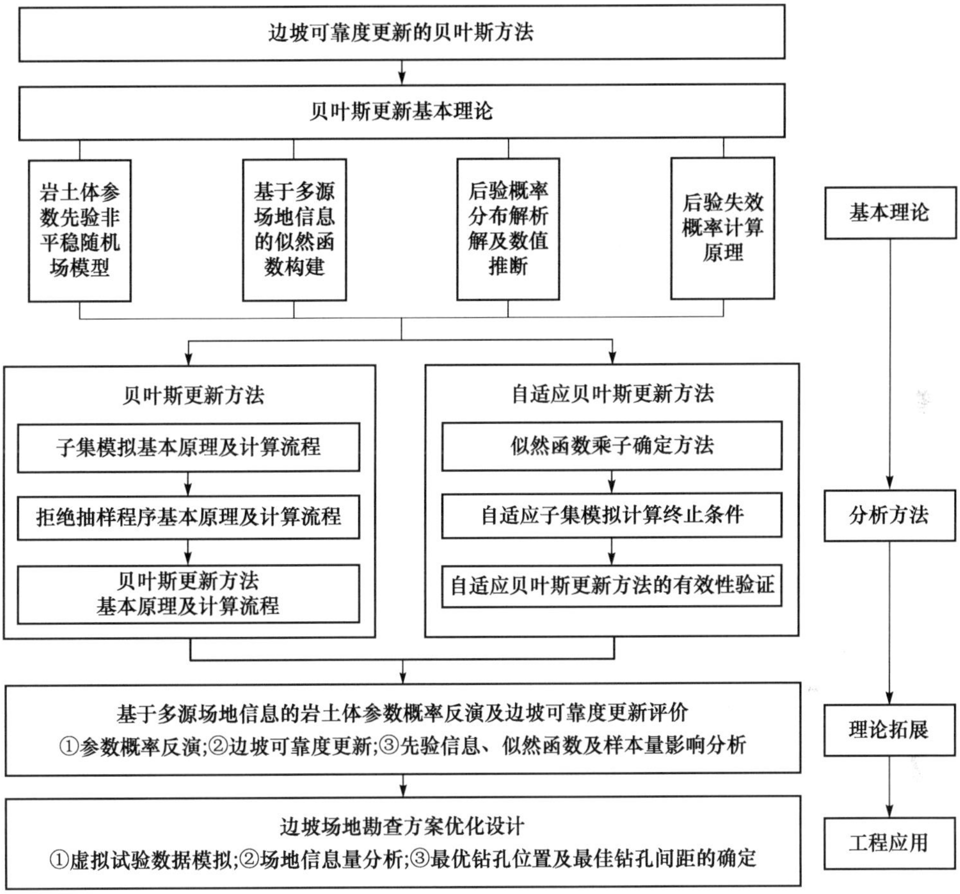

图 1.2 总体框架与研究思路

第 6 章提出了基于贝叶斯更新和场地信息量分析的边坡场地勘查方案优化设计方法，实现了在边坡场地勘查试验之前仅利用现有的岩土体参数先验信息有效确定最优钻孔位置和最佳钻孔间距。

第 7 章总结了全书的主要研究内容，并展望了需要进一步研究的问题。

参 考 文 献

[1] 陈祖煜. 土质边坡稳定性分析——原理、方法、程序[M]. 北京：中国水利水电出版

社,2003.

[2] Lacasse S,Nadim F. Uncertainties in characterizing soil properties[C]//Shackleford C D,Nelson P P,Roth M J S. Uncertainty in the Geologic Environment:From Theory to Practice. New York:Geotechnical Special Publication,1996:49-75.

[3] Phoon K K,Kulhawy F H. Characterization of geotechnical variability[J]. Canadian Geotechnical Journal,1999,36(4):612-624.

[4] Aladejare A E,Wang Y. Evaluation of rock property variability[J]. Georisk,2017,11(1):22-41.

[5] Christian J T. Geotechnical engineering reliability:How well do we know what we are doing? [J]. Journal of Geotechnical and Geoenvironmental Engineering,2004,130(10):985-1003.

[6] Phoon K K. Role of reliability calculations in geotechnical design[J]. Georisk,2017,11(1):4-21.

[7] Li K S,Lumb P. Probabilistic design of slopes[J]. Canadian Geotechnical Journal,1987,24(4):520-535.

[8] El-Ramly H,Morgenstern N R,Cruden D M. Probabilistic slope stability analysis for practice[J]. Canadian Geotechnical Journal,2002,39(3):665-683.

[9] 吴振君,王水林,葛修润. 约束随机场下的边坡可靠度随机有限元分析方法[J]. 岩土力学,2009,30(10):3086-3092.

[10] Cho S E. Probabilistic assessment of slope stability that considers the spatial variability of soil properties[J]. Journal of Geotechnical and Geoenvironmental Engineering,2010,136(7):975-984.

[11] Jiang S H,Huang J S. Modeling of non-stationary random field of undrained shear strength of soil for slope reliability analysis[J]. Soils and Foundations,2018,58(1):185-198.

[12] 豆红强,王浩. 非平稳随机场下饱和渗透系数空间变异性的无限长边坡稳定概率分析[J]. 土木工程学报,2017,50(8):105-113.

[13] 严春风,陈洪凯. 岩石力学参数的概率分布的 Bayes 推断[J]. 重庆建筑大学学报,1997,19(2):65-71.

[14] 徐军,雷用,郑颖人. 岩土体参数概率分布推断的模糊 BAYES 方法探讨[J]. 岩土力学,2000,21(4):394-396.

[15] 李夕兵,宫凤强. 岩土力学参数概率分布的推断方法研究综述[J]. 长沙理工大学学报(自然科学版),2007,4(1):1-8.

[16] 宫凤强,李夕兵,邓建,等. 岩土体参数概率密度函数的正交多项式推断[J]. 地下空间与工程学报,2006,2(1):108-111.

[17] 宫凤强,黄天朗,李夕兵. 岩土体参数最优概率分布推断方法及判别准则的研究[J]. 岩石力学与工程学报,2016,35(12):2452-2460.

[18] Zhang J,Tang W H,Zhang L M. Efficient probabilistic back-analysis of slope stability model parameters[J]. Journal of Geotechnical and Geoenvironmental Engineering,2010,136(1):99-109.

[19] Zhang L L,Zhang J,Zhang L M,et al. Back analysis of slope failure with Markov chain Monte Carlo simulation[J]. Computers and Geotechnics,2010,37(7):905-912.

[20] Wang L,Hwang J H,Luo Z,et al. Probabilistic back analysis of slope failure—A case study in Taiwan[J]. Computers and Geotechnics,2013,51:12-23.

[21] Yang R,Huang J,Griffiths DV,et al. Optimal geotechnical site investigations for slope design[J]. Computers and Geotechnics,2019,114:103-111.

[22] 王长虹,朱合华,钱七虎. 克里金算法与多重分形理论在岩土参数随机场分析中的应用[J]. 岩土力学,2014,35(增2):386-392.

[23] Lo M K,Leung Y F. Probabilistic analyses of slopes and footings with spatially variable soils considering cross-correlation and conditioned random field[J]. Journal of Geotechnical and Geoenvironmental Engineering,2017,143(9):04017044.

[24] Gong W P,Juang C H,Martin J R,et al. Probabilistic analysis of tunnel longitudinal performance based upon conditional random field simulation of soil properties[J]. Tunnelling and Underground Space Technology,2018,73:1-14.

[25] Straub D,Papaioannou I. Bayesian analysis for learning and updating geotechnical parameters and models with measurements[M]//Phoon K K,Ching J Y. Risk and Reliability in Geotechnical Engineering. Boca Raton:CRC Press,2014:221-264.

[26] Straub D,Papaioannou I. Bayesian updating with structural reliability methods[J]. Journal of Engineering Mechanics,2015,141(3):04014134.

[27] Au S K,Beck J L. Estimation of small failure probabilities in high dimensions by subset simulation[J]. Probabilistic Engineering Mechanics,2001,16(4):263-277.

[28] Papaioannou I,Betz W,Zwirglmaier K,et al. MCMC algorithms for subset simulation[J]. Probabilistic Engineering Mechanics,2015,41:89-103.

[29] Straub D,Papaioannou I,Betz W. Bayesian analysis of rare events[J]. Journal of Computational Physics,2016,314:538-556.

[30] Giovanis D G,Papaioannou I,Straub D,et al. Bayesian updating with subset simulation using artificial neural networks[J]. Computer Methods in Applied Mechanics and Engineering,2017,319:124-145.

[31] Jiang S H, Papaioannou I, Straub D. Bayesian updating of slope reliability in spatially variable soils with in-situ measurements[J]. Engineering Geology, 2018, 239:310-320.

[32] Cao Z J, Zheng S, Li D Q, et al. Bayesian identification of soil stratigraphy based on soil behaviour type index[J]. Canadian Geotechnical Journal, 2019, 56(4):570-586.

[33] DiazDelaO F A, Garbuno-Inigo A, Au S K, et al. Bayesian updating and model class selection with subset simulation[J]. Computer Methods in Applied Mechanics and Engineering, 2017, 317:1102-1121.

[34] Byrnes P G, DiazDelaO F A. Reliability based Bayesian inference for probabilistic classification: An overview of sampling schemes[C]//International Conference on Innovative Techniques and Applications of Artificial Intelligence Cambridge, 2017:250-263.

[35] Betz W, Papaioannou I, Beck J L, et al. Bayesian inference with subset simulation: Strategies and improvements[J]. Computer Methods in Applied Mechanics and Engineering, 2018, 331:72-93.

[36] Betz W, Beck J L, Papaioannou I, et al. Bayesian inference with reliability methods without knowing the maximum of the likelihood function[J]. Probabilistic Engineering Mechanics, 2018, 53:14-22.

[37] 赵炼恒，左仕，陈静瑜，等. 考虑参数互相关性的滑坡抗剪强度参数可靠度反演分析[J]. 华南理工大学学报(自然科学版)，2016，44(6):121-128.

[38] Papaioannou I, Straub D. How subjective are geotechnical reliability estimates?[C]//Geo-Risk 2017 Geotechnical Risk from Theory to Practice, Denver, 2017: 42-51.

[39] Fenton G A, Naghibi F, Hicks M A. Effect of sampling plan and trend removal on residual uncertainty[J]. Georisk, 2018, 12(4):253-264.

[40] Cao Z J, Wang Y, Li D Q. Quantification of prior knowledge in geotechnical site characterization[J]. Engineering Geology, 2016, 203:107-116.

[41] Miranda T, Correia A G, Sousa L R. Bayesian methodology for updating geomechanical parameters and uncertainty quantification[J]. International Journal of Rock Mechanics and Mining Sciences, 2009, 46(7):1144-1153.

[42] 蒋水华，李典庆，周创兵，等. 考虑自相关函数影响的边坡可靠度分析[J]. 岩土工程学报，2014，36(3):508-518.

[43] Duncan J M. Factors of safety and reliability in geotechnical engineering[J]. Journal of Geotechnical and Geoenvironmental Engineering, 2000, 126(4):307-316.

[44] 董学晟,李迪,叶查贵.新滩滑坡位移反分析[J].岩石力学与工程学报,1992,11(1):44-52.

[45] Deng J H,Lee C F. Displacement back analysis for a steep slope at the Three Gorges Project site[J]. International Journal of Rock Mechanics and Mining Sciences,2001,38(2):259-268.

[46] 李端有,甘孝清.滑坡体力学参数反分析研究[J].长江科学院院报,2005,22(6):44-48.

[47] 魏进兵,邓建辉,高春玉,等.三峡库区泄滩滑坡非饱和渗流分析及渗透系数反演[J].岩土力学,2008,29(8):2262-2266.

[48] Xu L,Dai F,Chen J,et al. Analysis of a progressive slope failure in the Xiangjiaba reservoir area,Southwest China[J]. Landslides,2014,11(1):55-66.

[49] Tschuchnigg F,Schweiger H F,Sloan S W. Slope stability analysis by means of finite element limit analysis and finite element strength reduction techniques. Part Ⅱ:Back analyses of a case history[J]. Computers and Geotechnics,2015,70:178-189.

[50] 张红日,王桂尧,张永杰,等.基于位移监测的岩质滑带参数拟合反演研究[J].地下空间与工程学报,2016,12(增2):875-881.

[51] Öge İ F. Investigation of design parameters of a failed soil slope by back analysis[J]. Engineering Failure Analysis,2017,82:266-279.

[52] Lv Q,Liu Y,Yang Q. Stability analysis of earthquake-induced rock slope based on back analysis of shear strength parameters of rock mass[J]. Engineering Geology,2017,228:39-49.

[53] 邓东平,李亮,赵炼恒.极限平衡理论下边坡稳定性抗滑强度参数反演分析[J].长江科学院院报,2017,34(3):67-73.

[54] 徐青,葛韵.雾江滑坡稳定分析及工程治理[J].武汉大学学报(工学版),2017,50(4):526-530.

[55] 徐志华,俞俊平,荣耀,等.基于锚杆轴力监测的楔形体结构面抗剪强度参数反演分析[J].中外公路,2017,37(6):20-23.

[56] Sun Y,Jiang Q H,Yin T,et al. A back-analysis method using an intelligent multi-objective optimization for predicting slope deformation induced by excavation[J]. Engineering Geology,2018,239:214-228.

[57] 李培现,万昊明,许月,等.基于地表移动矢量的概率积分法参数反演方法[J].岩土工程学报,2018,40(4):767-776.

[58] Zhang L M. Reliability verification using proof pile load tests[J]. Journal of Geotechnical and Geoenvironmental Engineering,2004,130(11):1203-1213.

[59] 陈炜韬,王玉锁,王明年,等. 黏土质隧道围岩抗剪强度参数的概率分布及优化实例[J]. 岩石力学与工程学报,2006,25(增2):3782-3787.

[60] 程圣国,方坤河,罗先启,等. 三峡库区新生型滑坡滑带土抗剪强度确定概率方法[J]. 岩石力学与工程学报,2007,26(4):840-845.

[61] 杨令强,马静,张社荣. 抗滑桩加固边坡的稳定可靠度分析[J]. 岩土工程学报,2009,31(8):1299-1302.

[62] Huang J,Kelly R,Li D Q,et al. Updating reliability of single piles and pile groups by load tests[J]. Computers and Geotechnics,2016,73:221-230.

[63] Papaioannou I,Straub D. Learning soil parameters and updating geotechnical reliability estimates under spatial variability-theory and application to shallow foundations[J]. Georisk,2017,11(1):116-128.

[64] 黄宏伟,孙钧. 基于 Bayesian 广义参数反分析[J]. 岩石力学与工程学报,1994,13(3):219-228.

[65] Honjo Y,Liu W T,Soumitra G. Inverse analysis of an embankment on soft clay by extended Bayesian method[J]. International Journal for Numerical and Analytical Methods in Geomechanics,1994,18(10):709-734.

[66] 刘世君,徐卫亚,王红春,等. 岩石力学参数的区间参数摄动反分析方法[J]. 岩土工程学报,2002,24(6):760-763.

[67] Papaioannou I,Straub D. Reliability updating in geotechnical engineering including spatial variability of soil[J]. Computers and Geotechnics,2012,42:44-51.

[68] Juang C H,Luo Z,Atamturktur S,et al. Bayesian updating of soil parameters for braced excavations using field observations[J]. Journal of Geotechnical and Geoenvironmental Engineering,2013,139(3):395-406.

[69] Zhang L L,Zheng Y F,Zhang L M,et al. Probabilistic model calibration for soil slope under rainfall:Effects of measurement duration and frequency in field monitoring[J]. Géotechnique,2014,64(5):365-378.

[70] Li X Y,Zhang L M,Jiang S H. Updating performance of high rock slopes by combining incremental time-series monitoring data and three-dimensional numerical analysis[J]. International Journal of Rock Mechanics and Mining Sciences,2016,83:252-261.

[71] 左自波,张璐璐,程演,等. 基于 MCMC 法的非饱和土渗流参数随机反分析[J]. 岩土力学,2013,34(8):2393-2400.

[72] Kelly R,Huang J. Bayesian updating for one-dimensional consolidation measurements[J]. Canadian Geotechnical Journal,2015,52(9):1318-1330.

[73] Li S J,Zhao H B,Ru Z L,et al. Probabilistic back analysis based on Bayesian and

multi-output support vector machine for a high cut rock slope[J]. Engineering Geology, 2016, 203: 178-190.

[74] Gilbert R B, Wright S G, Liedtke E. Uncertainty in back analysis of slopes: Kettleman Hills case history[J]. Journal of Geotechnical and Geoenvironmental Engineering, 1998, 124(12): 1167-1176.

[75] 张社荣,贾世军. 岩石边坡稳定的可靠度分析[J]. 岩土力学, 1999, 20(2): 57-61.

[76] Peng M, Li X Y, Li D Q, et al. Slope safety evaluation by integrating multi-source monitoring information[J]. Structural Safety, 2014, 49: 65-74.

[77] Schweckendiek T, Vrouwenvelder A, Calle E O F. Updating piping reliability with field performance observations[J]. Structural Safety, 2014, 47: 13-23.

[78] 伍宇明,兰恒星,高星,等. 一种基于贝叶斯理论的区域斜坡稳定性评价模型[J]. 工程地质学报, 2014, 22(6): 1227-1233.

[79] Ering P, Sivakumar-Babu G L. Probabilistic back analysis of rainfall induced landslide—A case study of Malin landslide, India[J]. Engineering Geology, 2016, 208: 154-164.

[80] Jahanfar A, Gharabaghi B, McBean E A, et al. Municipal solid waste slope stability modeling: A probabilistic approach[J]. Journal of Geotechnical and Geoenvironmental Engineering, 2017, 143(8): 04017035.

[81] Soulie M, Montes P, Silvestri V. Modelling spatial variability of soil parameters [J]. Canadian Geotechnical Journal, 1990, 27(5): 617-630.

[82] Xiao T, Li D Q, Cao Z J, et al. CPT-based probabilistic characterization of three-dimensional spatial variability using MLE[J]. Journal of Geotechnical and Geoenvironmental Engineering, 2018, 144(5): 04018023.

[83] Jaksa M B, Brooker P I, Kaggwa W S. Inaccuracies associated with estimating random measurement errors[J]. Journal of Geotechnical and Geoenvironmental Engineering, 1997, 123(5): 393-401.

[84] Kulatilake P H S W, Um J G. Spatial variation of cone tip resistance for the clay site at Texas A&M University[J]. Geotechnical and Geological Engineering, 2003, 21(2): 149-165.

[85] Chenari R J, Farahbakhsh H K. Generating non-stationary random fields of auto-correlated, normally distributed CPT profile by matrix decomposition method [J]. Georisk, 2015, 9(2): 96-108.

[86] Lumb P. The variability of natural soils[J]. Canadian Geotechnical Journal, 1966, 3(2): 74-97.

[87] Asaoka A, Grivas D A. Spatial variability of the undrained strength of clays[J].

Journal of Geotechnical Engineering Division, 1982, 108(5): 743-756.

[88] Li D Q, Qi X H, Phoon K K, et al. Effect of spatially variable shear strength parameters with linearly increasing mean trend on reliability of infinite slopes[J]. Structural Safety, 2014, 49: 45-55.

[89] 万力,蒋小伟,王旭升. 含水层的一种普遍规律:渗透系数随深度衰减[J]. 高校地质学报, 2010, 16(1): 7-12.

[90] Shen P, Zhang L M, Zhu H. Rainfall infiltration in a landslide soil deposit: Importance of inverse particle segregation[J]. Engineering Geology, 2016, 205: 116-132.

[91] Wang C H, Harken B, Osorio-Murillo C A, et al. Bayesian approach for probabilistic site characterization assimilating borehole experiments and Cone Penetration Tests[J]. Engineering Geology, 2016, 207: 1-13.

[92] Ering P, Sivakumar-Babu G L. A Bayesian framework for updating model parameters while considering spatial variability[J]. Georisk, 2017, 11(4): 285-298.

[93] Yang H Q, Zhang L, Li D Q. Efficient method for probabilistic estimation of spatially varied hydraulic properties in a soil slope based on field responses: A Bayesian approach[J]. Computers and Geotechnics, 2018, 102: 262-272.

[94] Liu K, Vardon P J, Hicks M A. Sequential reduction of slope stability uncertainty based on temporal hydraulic measurements via the ensemble Kalman filter[J]. Computers and Geotechnics, 2018, 95: 147-161.

[95] Gao X, Yan E C, Yeh T C J, et al. Sequential back analysis of spatial distribution of geomechanical properties around an unlined rock cavern[J]. Computers and Geotechnics, 2018, 99: 177-190.

[96] Liu L L, Cheng Y M, Zhang S H. Conditional random field reliability analysis of a cohesion-frictional slope[J]. Computers and Geotechnics, 2017, 82: 173-186.

[97] Johari A, Gholampour A. A practical approach for reliability analysis of unsaturated slope by conditional random finite element method[J]. Computers and Geotechnics, 2018, 102: 79-91.

[98] Lloret-Cabot M, Hicks M A, van den Eijnden A P. Investigation of the reduction in uncertainty due to soil variability when conditioning a random field using Kriging[J]. Geotechnique Letters, 2012, 2: 123-127.

[99] Lloret-Cabot M, Fenton G A, Hicks M A. On the estimation of scale of fluctuation in geostatistics[J]. Georisk, 2014, 8(2): 129-140.

[100] Firouzianbandpey S, Ibsen L B, Griffiths D V, et al. Effect of spatial correlation length on the interpretation of normalized CPT data using a kriging approach

[J]. Journal of Geotechnical and Geoenvironmental Engineering,2015,141(12):04015052.

[101] Li Y J,Hicks M A,Vardon P J. Uncertainty reduction and sampling efficiency in slope designs using 3D conditional random fields[J]. Computers and Geotechnics,2016,79:159-172.

[102] Yang R,Huang J,Griffiths D V,et al. The importance of soil property sampling location in slope stability assessment[J]. Canadian Geotechnical Journal,2019,56(3):335-346.

[103] Chen G,Zhu J,Qiang M,et al. Three-dimensional site characterization with borehole data—A case study of Suzhou area[J]. Engineering Geology,2018,234:65-82.

[104] 张社荣,王超,孙博. Bayes约束随机场下坝基溶蚀区随机模拟方法及其影响分析[J]. 岩土力学,2013,34(8):2337-2346.

[105] Liu W F,Leung Y F. Characterising three-dimensional anisotropic spatial correlation of soil properties through in situ test results[J]. Géotechnique,2018,68(9):805-819.

[106] Li X Y,Zhang L M,Li J H. Using conditioned random field to characterize the variability of geologic profiles[J]. Journal of Geotechnical and Geoenvironmental Engineering,2016,142(4):04015096.

[107] Cai Y,Li J,Li X,et al. Estimating soil resistance at unsampled locations based on limited CPT data[J]. Bulletin of Engineering Geology and the Environment,2019,78(5):3637-3648.

[108] Zhang L L,Zuo Z B,Ye G L,et al. Probabilistic parameter estimation and predictive uncertainty based on field measurements for unsaturated soil slope[J]. Computers and Geotechnics,2013,48:72-81.

[109] 朱艳,顾倩燕,江杰,等. 基于贝叶斯方法的船坞双排钢板桩围堰整体稳定性可靠度分析[J]. 岩土力学,2016,37(s1):609-615.

[110] Halim I S,Tang W H. Site exploration strategy for geologic anomaly characterization[J]. Journal of Geotechnical Engineering,1993,119(2):195-213.

[111] Jaksa M B,Goldsworthy J S,Fenton G A,et al. Towards reliable and effective site investigations[J]. Géotechnique,2005,55(2):109-121.

[112] van Groenigen J W,Siderius W,Stein A. Constrained optimisation of soil sampling for minimisation of the kriging variance[J]. Geoderma,1999,87(3-4):239-259.

[113] Cox L A. Adaptive spatial sampling of contaminated soil[J]. Risk Analysis,1999,19(6):1059-1069.

[114] Goldsworthy J S, Jaksa M B, Fenton G A, et al. Effect of sample location on the reliability based design of pad foundations[J]. Georisk, 2007, 1(3): 155-166.

[115] Gong W, Luo Z, Juang C H, et al. Optimization of site exploration program for improved prediction of tunneling-induced ground settlement in clays[J]. Computers and Geotechnics, 2014, 56: 69-79.

[116] Zetterlund M S, Norberg T, Ericsson L O, et al. Value of information analysis in rock engineering: a case study of a tunnel project in Äspö Hard Rock Laboratory[J]. Georisk, 2015, 9(1): 9-24.

[117] 彭功勋，刘元雪. 嵌岩桩基岩溶洞钻探数据概率分析与应用[J]. 地下空间与工程学报，2015，11(5)：1129-1136.

[118] 宣腾，李锦辉，李典庆，等. 基于普通克里金法的勘探位置优化方法[J]. 武汉大学学报(工学版)，2016，49(5)：714-719，739.

[119] Cai J S, Yan E C, Yeh T C J, et al. Sampling schemes for hillslope hydrologic processes and stability analysis based on cross-correlation analysis[J]. Hydrological Processes, 2017, 31(6): 1301-1313.

[120] Lo M K, Leung Y F. Reliability assessment of slopes considering sampling influence and spatial variability by Sobol' sensitivity index[J]. Journal of Geotechnical and Geoenvironmental Engineering, 2018, 144(4): 04018010.

[121] Cai J S, Yeh T C J, Yan E C, et al. An adaptive sampling approach to reduce uncertainty in slope stability analysis[J]. Landslides, 2018, 15(6): 1193-1204.

[122] Sousa R, Karam K S, Costa A L, et al. Exploration and decision-making in geotechnical engineering-a case study[J]. Georisk, 2017, 11(1): 129-145.

[123] Gong W, Tien Y M, Juang C H, et al. Optimization of site investigation program for improved statistical characterization of geotechnical property based on random field theory[J]. Bulletin of Engineering Geology and the Environment, 2017, 76(3): 1021-1035.

[124] Zhao T Y, Wang Y. Determination of efficient sampling locations in geotechnical site characterization using information entropy and Bayesian compressive sampling[J]. Canadian Geotechnical Journal, 2019, 56(11): 1622-1637.

第 2 章　贝叶斯更新基本理论及方法

受地质运动、赋存环境、人类工程活动以及岩土力学性质自身复杂性的影响，某一特定场地的岩土体参数普遍存在一定的不确定性，包括物理不确定性、测量不确定性和模型转换不确定性等，岩土工程中通常采用一定的概率模型来描述岩土体参数的不确定性。另外，确定合理的岩土体参数概率模型是岩土工程可靠度分析与风险评估的重要一步，岩土体参数概率分布选择的合理性及其统计特征参数估计的准确性会直接影响边坡可靠度分析与风险评估的计算精度。因此，需要深入研究岩土体参数概率分布特性并推断切合工程实际的参数概率模型。本章从岩土体参数先验信息、似然函数和后验概率分布这三方面介绍岩土工程贝叶斯更新基本理论。将 Straub 和 Papaioannou[1] 提出的 BUS 方法与随机场及岩土工程可靠度理论有机结合，发展 aBUS 方法，建立定量的子集模拟自适应计算终止条件，有效解决有限场地信息条件下岩土体参数概率分布推断、考虑岩土体参数空间变异性的边坡参数概率反演及可靠度更新的难题。同时以无限长边坡为例通过参数敏感性分析探讨岩土体参数先验信息、似然函数和样本量对边坡可靠度更新结果(如参数后验均值、后验标准差和边坡后验失效概率)的影响规律，研究成果可为参数先验信息、似然函数和样本量的确定以及岩土体参数后验概率分布的推断提供重要的理论依据和技术支撑。

2.1　贝叶斯更新基本理论

受岩土工程勘查费用和采样场地等内在和外在因素的限制，可获得的岩土场地信息(包括室内与现场试验数据、监测数据和观测信息)通常十分有限。贝叶斯方法可以利用有限的场地信息推断岩土体参数概率分布并估计其统计特征，这一过程主要通过估计输入参数 $\boldsymbol{X}$ 的概率密度函数来体现，恰好与可靠度及风险分析过程相反。图 2.1 给出了贝叶斯更新与可靠度及风险分析之间的相互关系[2]。

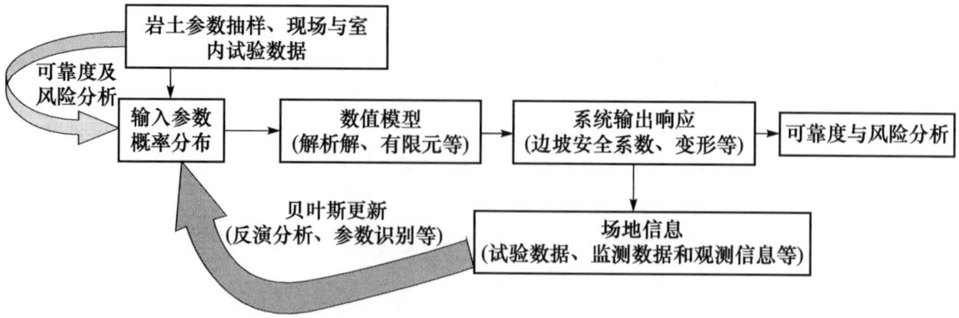

图 2.1 贝叶斯更新与可靠度及风险分析之间的相互关系[2]

根据贝叶斯理论,参数后验概率密度函数 $f''_{\boldsymbol{X}}(\boldsymbol{x})$的计算表达式为[3]

$$f''_{\boldsymbol{X}}(\boldsymbol{x})=aL(\boldsymbol{x})f'_{\boldsymbol{X}}(\boldsymbol{x}) \tag{2.1}$$

式中,$f'_{\boldsymbol{X}}(\boldsymbol{x})$为岩土体参数 $\boldsymbol{X}$ 的先验概率密度函数,其中 $\boldsymbol{X}=[X_1,X_2,\cdots,X_n]^{\mathrm{T}}$,$n$ 为随机变量数目;$L(\boldsymbol{x})$为似然函数,与试验数据、监测数据和观测信息等场地信息类型有关,表示在已知土体参数 $\boldsymbol{X}=\boldsymbol{x}$ 前提下场地信息事件 Ω_Z 发生的概率;a 为标准化常数,用于确保在 $\boldsymbol{X}$ 的整个区域上对 $f''_{\boldsymbol{X}}(\boldsymbol{x})$的积分为 1。

$$a=\frac{1}{\int_{-\infty}^{\infty}L(\boldsymbol{x})f'_{\boldsymbol{X}}(\boldsymbol{x})\mathrm{d}\boldsymbol{x}}$$

可见,贝叶斯更新基本理论主要涉及输入参数、数值模型、参数先验信息、场地信息、似然函数、后验概率分布以及后验失效概率等,贝叶斯更新基本流程图如图 2.2 所示。

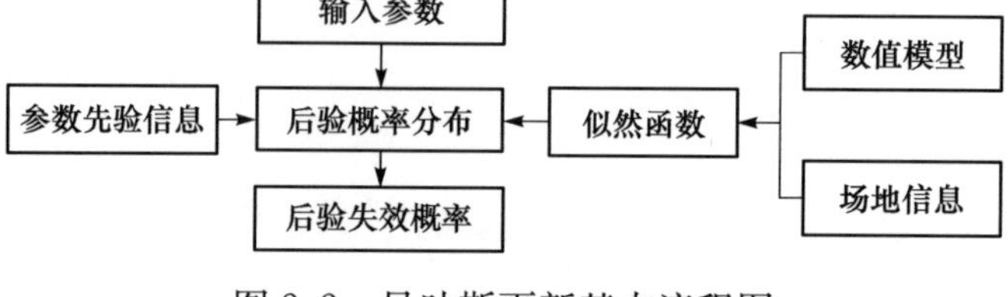

图 2.2 贝叶斯更新基本流程图

下面首先从岩土体参数先验信息、似然函数和后验概率分布三方面来系统介绍贝叶斯更新基本理论。

2.1.1 先验信息

岩土体参数先验信息可以分为信息化较强的先验信息和信息化较弱的

先验信息两类[4,5]。

1）信息化较强的先验信息

信息化较强的先验信息是指岩土体参数的统计特征（均值、标准差和概率分布），可利用大量的试验数据、监测数据或观测信息等场地信息准确确定，例如，可根据试验数据确定某岩土体参数服从正态分布、对数正态分布、极值I型分布或贝塔（Beta）分布等，这一过程通常是采用岩土工程统计分析中经典概率分布拟合得到岩土体参数概率分布特征[6]。其中，常用的正态分布和对数正态分布均属于中心极限分布系列，可表示大量不确定性因素相乘的极限分布形式。相比于正态分布，对数正态分布不仅能保证岩土体参数不会取到负值，而且偏向于小值，理论上更适合表征岩土体参数概率分布特征。极值I型分布属于极值分布系列，表示在随机变量极值分析中当母体分布尾部特征为指数渐减时，其渐进分布为极值I型分布。贝塔分布常用于描述随机变量在某一范围内上下变动。本书附录给出了岩土工程统计分析常用的概率密度函数 $f(x)$ 以及计算参数 q 和 r 与均值 μ_X 和标准差 σ_X 之间的转换关系。

2）信息化较弱的先验信息

信息化较弱的先验信息是指根据不同岩土场地工程类比信息和专家经验判断只能获得岩土体参数较为模糊的先验信息，例如，仅知道某特定场地岩土体参数的大致取值范围，如表 2.1 所示[4]，通常假定这些岩土体参数服从均匀分布[4,7]。

表 2.1　岩土体参数均值和标准差的取值范围[4]

土体特性	土壤类别	均值取值范围	变异系数范围	均值的先验估计范围	标准差的先验估计范围
总重度 $\gamma/(\mathrm{kN/m^3})$	细粒土	13～24	0.03～0.20	13～24	0.4～4.8
	粗粒土	17～26	0.04～0.06	17～26	0.7～1.6
干重度 $\gamma_d/(\mathrm{kN/m^3})$	细粒土	9～18	0.02～0.21	9～18	0.2～3.8
饱和重度 $\gamma_s/(\mathrm{kN/m^3})$	所有土体	5～11	0～0.10	5～11	0～1.1
相对密度 D_r/%	细粒土	30～70	0.11～0.36	30～70	3.3～25.2
天然含水量 w_n/%	细粒土	13～105	0.07～0.46	13～105	1～48
液限 w_L/%	细粒土	27～89	0.03～0.39	27～89	1～35
塑限 w_P/%	细粒土	13～35	0.03～0.34	13～35	0.4～12
塑性指数 PI/%	细粒土	11～52	0.09～0.57	11～52	1～30
液性指数 LI/%	细粒土	0.5～2.5	0.05～0.88	0.5～2.5	0.025～2.2
不排水抗剪强度参数 s_u/kPa	细粒土	6～713	0.04～0.84	6～713	0.2～600

续表

土体特性	土壤类别	均值取值范围	变异系数范围	均值的先验估计范围	标准差的先验估计范围
不排水抗剪强度参数比 $r=s_u/\sigma'_{v0}$	细粒土	0.23～1.4	0.05～0.90	0.23～1.4	0.01～1.26
有效应力摩擦角 $\phi'/(°)$	细粒土	9～41	0.04～0.50	9～41	0.4～20.5
	粗粒土	30～42	0.02～0.17	30～42	0.6～7.1
有效应力摩擦角的正切值 $\tan\phi'$	细粒土	0.24～0.69	0.06～0.46	0.24～0.69	0.01～0.32
	粗粒土	0.57～0.92	0.05～0.18	0.57～0.92	0.03～0.17
弹性模量 E/MPa	粗粒土	5.2～15.6	0.26～0.68	5.2～15.6	1.35～10.6
压缩指数 C_c	细粒土	0.18～0.996	0.14～0.47	0.18～0.996	0.03～0.47
渗透系数 k/(cm/s)	细粒土	2.9×10^{-9}～1.0×10^{-5}	0.27～7.67	2.9×10^{-9}～1.0×10^{-5}	7.8×10^{-10}～7.7×10^{-6}

2.1.2 似然函数

某一特定场地的岩土体参数普遍存在一定的物理不确定性、测量不确定性和模型转换不确定性等[8]，可通过融入试验数据、监测数据和观测信息等场地信息予以降低。场地信息一般采用似然函数进行描述，似然函数 $L(\boldsymbol{x})$表示当不确定性参数 $\boldsymbol{X}$ 取某一特定实现值 $\boldsymbol{x}$ 时与某一场地信息事件 Ω_Z 发生的概率成正比[2]，即

$$L(\boldsymbol{x}) \propto P(\Omega_Z \mid \boldsymbol{X}=\boldsymbol{x}) \tag{2.2}$$

式中，$P(\cdot)$表示某一事件发生的概率；Ω_Z 表示场地信息事件。

假如测量误差 $\varepsilon_i^{\mathrm{m}}$ 是一个附加量，则某岩土体参数测量值可表示为真实值加上测量误差，即 $x_i=x+\varepsilon_i^{\mathrm{m}}$，则似然函数 $L_i(\boldsymbol{x})$可表示为

$$L_i(\boldsymbol{x})=f_{\varepsilon^{\mathrm{m}}}(x_i-x) \tag{2.3}$$

式中，$f_{\varepsilon^{\mathrm{m}}}(\cdot)$表示测量误差的概率密度函数。

假如测量误差 $\varepsilon_i^{\mathrm{m}}$ 是一个相乘量，则某岩土体参数测量值可表示为真实值乘以测量误差，即 $x_i=x\varepsilon_i^{\mathrm{m}}$，则似然函数 $L_i(\boldsymbol{x})$可表示为

$$L_i(\boldsymbol{x})=f_{\varepsilon^{\mathrm{m}}}\left(\frac{x_i}{x}\right) \tag{2.4}$$

一般来说，似然函数形式与场地信息类型有关，对于单个观测事件 Ω_{Z_i}，不同类型场地事件(试验数据、监测数据和观测信息)对应的似然函数推导如下。

1. 试验数据

对于现场或室内试验数据(直接场地信息)，以不排水抗剪强度参数 s_u 试

验数据为例构建似然函数，$\Omega_{Z_i}=s_{\mathrm{u},i}^{\mathrm{m}}$。由于试验装置与仪器精度不够、试验人员人为操作不当或试验过程中的随机测试效应，试验测量误差是不可避免的[10]。关于测量误差的相关介绍详见文献[8]和[9]。为了准确估计岩土体参数后验统计特征，首先需要合理表征测量误差的不确定性。由文献[1]和[11]可知，测量误差 $\varepsilon_i^{\mathrm{m}}(i=1,2,\cdots,n_{\mathrm{d}}, n_{\mathrm{d}}$为试验数据样本量)通常相互独立并且均服从均值为 0、标准差为某一常数的正态分布。于是在 q_i^{m} 处的不排水抗剪强度参数的试验数据 $s_{\mathrm{u},i}^{\mathrm{m}}$ 和模拟值 $s_{\mathrm{u}}(q_i^{\mathrm{m}})$之间的关系可以表示为

$$s_{\mathrm{u},i}^{\mathrm{m}}=s_{\mathrm{u}}(q_i^{\mathrm{m}})+\varepsilon_i^{\mathrm{m}},\quad i=1,2,\cdots,n_{\mathrm{d}} \tag{2.5}$$

通常将 $\varepsilon_i^{\mathrm{m}}$ 模拟为均值为 0、标准差为 $\sigma_{\varepsilon_i^{\mathrm{m}}}$ 的正态随机变量，据此相应的似然函数可以表示为

$$L^{\mathrm{t}}(\boldsymbol{x})=k_1\prod_{i=1}^{n_{\mathrm{d}}}\exp\left\{-\frac{[s_{\mathrm{u},i}^{\mathrm{m}}-s_{\mathrm{u}}(q_i^{\mathrm{m}})]^2}{2\sigma_{\varepsilon_i^{\mathrm{m}}}^2}\right\} \tag{2.6}$$

式中，$k_1=(2\pi)^{-n_{\mathrm{d}}/2}$为比例常数；$\sigma_{\varepsilon_i^{\mathrm{m}}}$为第 i 次测量误差的标准差。

需要说明的是，测量误差的标准差通常很难根据现场试验数据确定。相比之下，Phoon 和 Kulhawy[8,9]给出了一些关于测量误差变异系数的相关统计数据。为了避免确定测量误差的标准差，采用一个乘法关系来表示 $s_{\mathrm{u},i}^{\mathrm{m}}$ 和 $s_{\mathrm{u}}(q_i^{\mathrm{m}})$之间的关系[12]，如对于室内不固结不排水三轴压缩试验(unconsolidated undrained test，UUT)数据，有

$$s_{\mathrm{u},i}^{\mathrm{m}}=s_{\mathrm{u}}(q_i^{\mathrm{m}})\varepsilon_i^{\mathrm{m}},\quad i=1,2,\cdots,n_{\mathrm{d}} \tag{2.7}$$

式中，$q_i^{\mathrm{m}}=(x_i^{\mathrm{m}},z_i^{\mathrm{m}})$为二维空间区域 Ω 内第 i 个钻孔取样点；$s_{\mathrm{u}}(q_i^{\mathrm{m}})$为不排水抗剪强度参数在 q_i^{m} 处的模拟值。

一般来说，试验装置与仪器问题以及人为操作不当造成的不同试验的测量误差 $\varepsilon_i^{\mathrm{m}}$ 之间相互独立[10]，故可假设 $\varepsilon_i^{\mathrm{m}}$ 服从中值为 1、标准差为某一常数的对数正态分布。由此可以建立基于试验数据的似然函数为

$$L^{\mathrm{t}}(\boldsymbol{x})=k_2\exp\left\{-\sum_{i=1}^{n_{\mathrm{d}}}\frac{[\ln s_{\mathrm{u},i}^{\mathrm{m}}-\ln s_{\mathrm{u}}(q_i^{\mathrm{m}})]^2}{2\sigma_{\ln\varepsilon_i^{\mathrm{m}}}^2}\right\} \tag{2.8}$$

式中，k_2 为比例常数，$k_2=[(2\pi)^{n_{\mathrm{d}}/2}\sigma_{\ln\varepsilon_i^{\mathrm{m}}}^{n_{\mathrm{d}}}]^{-1}$；$\sigma_{\ln\varepsilon_i^{\mathrm{m}}}$为 $\ln\varepsilon_i^{\mathrm{m}}$ 的标准差，计算表达式为

$$\sigma_{\ln\varepsilon_i^{\mathrm{m}}}=\sqrt{\ln(1+\mathrm{COV}_{\varepsilon_i^{\mathrm{m}}}^2)} \tag{2.9}$$

式中，$\mathrm{COV}_{\varepsilon_i^{\mathrm{m}}}$为测量误差 $\varepsilon_i^{\mathrm{m}}$ 的变异系数。

如果可以从现场获得某个岩土体参数的多组试验数据，或者岩土体参数存在一定的空间变异性，在空间不同位置 $q_1^{\mathrm{m}},q_2^{\mathrm{m}},\cdots,q_{n_{\mathrm{d}}}^{\mathrm{m}}$ 上的试验数据分

别为 $s_{u,1}^m, s_{u,2}^m, \cdots, s_{u,n_d}^m$，此时需要分别构建似然函数 $L_1, L_2, \cdots, L_{n_d}$。另外，对于给定的实现值 $\boldsymbol{x}$，通常可假定不同测量事件之间相互统计独立，即测量误差也相互独立，可建立联合似然函数为

$$L^t(\boldsymbol{x}) = \prod_{i=1}^{n_d} L_i(\boldsymbol{x}) \tag{2.10}$$

如果考虑任意两组试验数据之间即相应测量误差 ε_i^m 和 ε_j^m 之间的相关性，相关系数为 $\rho_{\varepsilon_i^m, \varepsilon_j^m}$，基于式(2.5)可建立与 n_d组试验数据对应的似然函数为

$$L^t(\boldsymbol{x}) = k_3 \exp\left\{-\frac{1}{2}\left[\boldsymbol{s}_u^m - s_u(\boldsymbol{q}^m)\right]^T \boldsymbol{\Sigma}^{-1}\left[\boldsymbol{s}_u^m - s_u(\boldsymbol{q}^m)\right]\right\} \tag{2.11}$$

式中，k_3 为比例常数，$k_3 = \left[(2\pi)^{n_d/2}|\boldsymbol{\Sigma}|^{1/2}\right]^{-1}$；$\boldsymbol{s}_u^m$ 为试验数据样本向量，$\boldsymbol{s}_u^m = \left[s_{u,1}^m, s_{u,2}^m, \cdots, s_{u,n_d}^m\right]^T$；$\boldsymbol{q}^m$ 为试验点的位置向量，$\boldsymbol{q}^m = \left[q_1^m, q_2^m, \cdots, q_{n_d}^m\right]^T$；$\boldsymbol{\Sigma}^{-1}$ 为协方差矩阵 $\boldsymbol{\Sigma}$ 的逆矩阵，其中 $\boldsymbol{\Sigma}$ 可由不同钻孔取样点处测量误差的方差 $\sigma_{\varepsilon_i^m}^2$ 和相关系数矩阵$(\rho_{\varepsilon_i^m, \varepsilon_j^m})_{n_d \times n_d}$构成。

2. 监测数据

对于监测数据(间接场地信息)，以边坡变形监测数据为例，边坡某一位置处的第 i 组变形监测值 δ_i 和计算值 $g_i(\boldsymbol{x})$之间的关系可以表示为

$$\delta_i = g_i(\boldsymbol{x}) + \varepsilon_i^m + \zeta_i \tag{2.12}$$

式中，$g_i(\cdot)$为通过有限元分析计算的边坡某一位置处的变形量；ζ_i 为通过有限元、有限差分等方法分析引起的模型误差。

据此，可建立如下似然函数[13]：

$$L^m(\boldsymbol{x}) = \prod_{i=1}^{n_d} P\left[\varepsilon_i^m + \zeta_i = \delta_i - g_i(\boldsymbol{x})\right] = k_4 \prod_{i=1}^{n_d} \varphi_{\varepsilon^m+\zeta}\left[\delta_i - g_i(\boldsymbol{x})\right] \tag{2.13}$$

式中，k_4 为比例常数；$\varphi_{\varepsilon^m+\zeta}(\cdot)$表示 ε^m 和 ζ 的联合正态概率密度函数。

3. 观测信息

以边坡失稳现场观测信息(即真实安全系数小于或等于 1.0)为例，考虑模型误差影响的边坡安全系数 y 可表示为

$$y = \mathrm{FS}(\boldsymbol{x}) + \zeta \tag{2.14}$$

式中，y 为边坡真实安全系数；$\mathrm{FS}(\cdot)$为通过极限平衡或有限元方法计算的边坡安全系数；ζ 为用于表征模型不确定性的模型校正系数。

当 ζ 服从正态分布且均值 μ_ζ 和标准差 σ_ζ 已知时，以边坡失稳这一现场

观测信息为例，如果真实安全系数 $y=Y$，相应的似然函数可表示为输入随机向量 $\boldsymbol{X}$ 的条件概率密度函数[14]：

$$L^{\mathrm{o}}(\boldsymbol{x})=\phi\left(\frac{\mathrm{FS}(\boldsymbol{x})+\mu_{\zeta}-Y}{\sigma_{\zeta}}\right) \tag{2.15}$$

式中，$\phi(\cdot)$为标准正态变量概率密度函数。

4. 多源场地信息融合利用

对于一般情况，如融合利用从边坡勘查设计阶段获取的试验数据和施工阶段收集的变形监测数据，可建立似然函数为

$$L(\boldsymbol{x})=C_1L^{\mathrm{t}}(\boldsymbol{x})L^{\mathrm{m}}(\boldsymbol{x}) \tag{2.16}$$

式中，C_1 为比例常数。

又如融合利用从边坡运行阶段收集的变形监测数据及失稳观测信息，可建立似然函数为

$$L(\boldsymbol{x})=C_2L^{\mathrm{m}}(\boldsymbol{x})L^{\mathrm{o}}(\boldsymbol{x}) \tag{2.17}$$

式中，C_2 为比例常数。

2.1.3　后验概率分布

获得岩土体参数先验信息和似然函数之后，可以通过求解式(2.1)得到岩土体参数后验概率密度函数。

1. 共轭解析方法

当且仅当先验概率密度函数和似然函数存在共轭关系时，式(2.1)才有解析解。例如，参数 x_1 的均值 μ_{x_1} 的先验概率分布和似然函数均为正态分布，显然它们是一对共轭函数，可得相应的后验概率分布 $f''_{\boldsymbol{X}}(\boldsymbol{x})$仍为正态分布，其统计参数有解析解[3]，后验均值 $\mu''_{\mu_{x_1}}$ 和后验标准差 $\sigma''_{\mu_{x_1}}$ 的近似表达式分别为

$$\mu''_{\mu_{x_1}}=\frac{\mu'_{\mu_{x_1}}\left(\dfrac{\sigma_{x_1}^2}{n_{\mathrm{d}}}\right)+\sigma'^2_{\mu_{x_1}}\dfrac{1}{n_{\mathrm{d}}}\displaystyle\sum_{i=1}^{n_{\mathrm{d}}}x_1^i}{\dfrac{\sigma_{x_1}^2}{n_{\mathrm{d}}}+\sigma'^2_{\mu_{x_1}}} \tag{2.18}$$

$$\sigma''_{\mu_{x_1}}=\sqrt{\frac{\sigma'^2_{\mu_{x_1}}\left(\dfrac{\sigma_{x_1}^2}{n_{\mathrm{d}}}\right)}{\dfrac{\sigma_{x_1}^2}{n_{\mathrm{d}}}+\sigma'^2_{\mu_{x_1}}}} \tag{2.19}$$

式中，σ_{x_1}为x_1的标准差；$\mu'_{\mu_{x_1}}$和$\sigma'_{\mu_{x_1}}$分别为μ_{x_1}的先验均值和先验标准差；x_1^i为参数x_1的第i组试验数据，$i=1,2,\cdots,n_d$。

此外，对数正态分布是正态分布的共轭分布，贝塔分布是二项分布的共轭分布，伽马分布是指数分布的共轭分布，关于其他共轭分布后验概率密度函数的计算表达式详见文献[3]。

2. MCMC 方法

遗憾的是，仅仅对于为数不多的几对共轭函数，式(2.1)才有解析解，绝大多数情况下需要对式(2.1)进行数值求解。MCMC 方法常用于数值求解$f''_{\boldsymbol{X}}(\boldsymbol{x})$，并在岩土工程中得到了广泛的应用[7,14]，但是该方法存在以下不足[15]：

(1) 难以确定到底需要模拟多少组样本才能保证马尔可夫链收敛于精确解。

(2) 马尔可夫链前期有一段较长的波动段，极大地影响了 MCMC 方法的计算精度与效率。

(3) MCMC 方法的计算量会随着变量数目的增加而急剧增大，该方法对于考虑岩土体参数空间变异性的边坡参数概率反演及可靠度更新问题几乎无能为力。

3. BUS 方法

Straub 和 Papaioannou[1]提出的 BUS 方法可以有效地数值求解式(2.1)而得到高维$f''_{\boldsymbol{X}}(\boldsymbol{x})$的近似解。该方法基于似然函数定义一个新的失效区域来建立贝叶斯更新和结构可靠度分析之间的桥梁，将一个复杂的贝叶斯更新问题转换为等效的结构可靠度问题，然后接着利用岩土体参数先验信息作为输入采用子集模拟求解。因此，有必要在介绍 BUS 方法之前，简要介绍下子集模拟的基本原理和计算流程。

2.2 子集模拟

2.2.1 基本原理

子集模拟(subset simulation，SS)是一种高效的 MCS 方法，最早由 Au 和 Beck[16]于 2001 年提出，该方法最大的优势是可以有效地分析高维低概率水平可靠度问题，目前已在岩土工程、结构工程、航空航天工程和核工程中得到了广泛应用。子集模拟利用乘法定理将一个小概率失效事件 Ω_F 发生的概率表达为一系列中间失效事件条件概率的乘积。例如，对于边坡稳定性分析问题，所关心的边坡失效区域定义为 $\Omega_F=\{G(\boldsymbol{x})=\mathrm{FS}(\boldsymbol{x})-1.0<0\}$，$\Omega_F$ 发生的概率即为边坡失效概率 P_{f}，即

$$P_{\mathrm{f}}=P(\Omega_F)=P(F<0)=P(\Omega_{F_1})\prod_{i=2}^{m}P(\Omega_{F_i}\mid\Omega_{F_{i-1}}) \tag{2.20}$$

式中，$P(\cdot)$表示某一事件发生的概率；中间事件 $\Omega_{F_i}=\{F<g_i\}$，g_i为临界阈值，$i=1,2,\cdots,m$；F 为子集模拟驱动变量，$F=G(\boldsymbol{x})=\mathrm{FS}(\boldsymbol{x})-1.0$，其中 $G(\boldsymbol{x})$为极限状态函数；$P(\Omega_{F_1})$为 Ω_{F_1} 发生的概率；$P(\Omega_{F_i}|\Omega_{F_{i-1}})(i=2,3,\cdots,m)$为在 $\Omega_{F_{i-1}}$ 发生的条件下 Ω_{F_i} 发生的概率；m 为子集模拟达到失效区域所需的层数。

通过 MCMC 方法产生中间失效事件的条件样本，并估计它们所对应的条件概率，使之逐步逼近目标失效区域 Ω_F。其中关键一步是对所产生的随机样本进行统计分析，确定失效事件 Ω_{F_1} 和 Ω_{F_i} 及临界阈值 g_1 和 g_i，使得 $P(\Omega_{F_1})$和 $P(\Omega_{F_i}|\Omega_{F_{i-1}})(i=2,3,\cdots,m-1)$均等于条件概率 p_0。

假如子集模拟共需要执行 m 层随机模拟达到目标失效区域，$m\approx\lg P_{\mathrm{f}}/\lg p_0$，即有 m 个中间失效事件满足 $\Omega_{F_1}\supset\Omega_{F_2}\supset\cdots\supset\Omega_{F_{m-1}}\supset\Omega_{F_m}$，对应的临界阈值分别为 $g_1>g_2>\cdots>g_{m-1}>0\geqslant g_m$。将 $P(\Omega_{F_1})=p_0$，$P(\Omega_{F_i}|\Omega_{F_{i-1}})=p_0(i=2,3\cdots,m-1)$，$P(\Omega_{F_m}|\Omega_{F_{m-1}})=N_{\mathrm{f}}/N_{\mathrm{l}}$ 依次代入式(2.20)便可得到边坡失效概率为

$$P_{\mathrm{f}}=p_0^{m-1}\frac{N_{\mathrm{f}}}{N_{\mathrm{l}}} \tag{2.21}$$

式中，N_{l}为每层子集模拟样本数目；N_{f}为失效样本数目。

则所需的确定性边坡稳定性分析次数 N_{sim}为

$$N_{\mathrm{sim}}=N_{\mathrm{l}}+(m-1)(1-p_0)N_{\mathrm{l}} \tag{2.22}$$

式中包括第 1 层直接 MCS 的 N_{l}次和其余 $m-1$ 层基于 MCMC 算法的$(1-p_0)N_{\mathrm{l}}$次确定性边坡稳定性分析。由式(2.22)可知，子集模拟计算量与失效概率水平直接相关，随着失效概率水平的降低而增大。

影响子集模拟计算精度和效率的关键因素是合理确定条件概率 p_0 和每层子集模拟样本数目 N_{l}，由文献[16]和[17]可知，条件概率 p_0 一般取 0.1～0.3，N_{l}取值除了应保证可以获得较准确的条件概率 p_0，还要使得计算的边坡失效概率 P_{f}的变异系数 $\mathrm{COV}_{P_{\mathrm{f}}}$ 足够小。尽管如此，这种取值的合

理性及其对计算结果的影响还有待进一步验证。COV_{P_f} 常用来判定边坡失效概率的计算精度，其计算公式为[16,18]

$$COV_{P_f}=\sqrt{COV^2_{P(\Omega_{F_1})}+\sum_{i=2}^{m}COV^2_{P(\Omega_{F_i}|F_{i-1})}} \tag{2.23}$$

$$COV_{P(\Omega_{F_1})}=\sqrt{\frac{1-P(\Omega_{F_1})}{N_1P(\Omega_{F_1})}} \tag{2.24}$$

$$COV_{P(\Omega_{F_i}|\Omega_{F_{i-1}})}=\sqrt{\frac{1-P(\Omega_{F_i}\mid\Omega_{F_{i-1}})(1+\gamma_i)}{N_1P(\Omega_{F_i}\mid\Omega_{F_{i-1}})}} \tag{2.25}$$

式中，$COV_{P(\Omega_{F_1})}$ 和 $COV_{P(\Omega_{F_i}|\Omega_{F_{i-1}})}$ 分别为 $P(\Omega_{F_1})$ 和 $P(\Omega_{F_i}|\Omega_{F_{i-1}})$ 的变异系数；$\gamma_i(i=2,3,\cdots,m)$ 为相关因子，用于表征第 $i-1$ 层子集模拟样本之间的相关性：

$$\gamma_i=2\sum_{k=1}^{N_1/N_s-1}\left(1-\frac{kN_s}{N_1}\right)\frac{R_i^{(k)}}{R_i^{(0)}},\quad i=2,3,\cdots,m \tag{2.26}$$

式中，N_s 为马尔可夫链数目，$N_s=p_0N_1$；$R_i^{(k)}$ 为平稳序列 $\{I_{F_i}(\boldsymbol{\theta}_{i-1}^{(j,k)}):k=1,2,\cdots,N_1/N_s\}$ 间隔为 k 的两元素之间的自协方差，计算表达式为

$$R_i^{(k)}\approx\frac{1}{N_l-kN_s}\sum_{j=1}^{N_s}\sum_{l=1}^{N_1/N_s-k}I_{F_i}(\boldsymbol{\theta}_{i-1}^{(j,l)})I_{F_i}(\boldsymbol{\theta}_{i-1}^{(j,l+k)})-p_i^2 \tag{2.27}$$

式中，$\boldsymbol{\theta}_{i-1}^{(j,l)}=[\theta_1^{(j,l)},\theta_2^{(j,l)},\cdots,\theta_n^{(j,l)}]^{\mathrm{T}}$ 为第 $i-1$ 层子集模拟第 j 条马尔可夫链上第 l 个样本；$I_{F_i}(\cdot)$ 为指示性函数，用于判定样本是否落在边坡失效区域 Ω_{F_i} 内；$p_i=P(\Omega_{F_i}|\Omega_{F_{i-1}})$。

需要说明的是，$R_i^{(0)}$ 可以将式(2.27)取 $k=0$ 进行计算，也可以近似等于 $p_i(1-p_i)$[16]。为保证计算精度，一般以 $COV_{P_f}<30\%$ 作为前提条件来确定每层所需样本数目 N_1。在保证 $COV_{P_f}<30\%$ 的前提下，为获得量级为 10^{-m} 的边坡失效概率，如条件概率 p_0 取常用的 0.1，直接 MCS 方法需要进行 $N_{sim}\geqslant(1-P_f)/(P_fCOV^2_{P_f})>10^{m+1}$ 次边坡稳定性分析，而由式(2.22)可知子集模拟只需要进行 $(0.9m+0.1)N_1$ 次边坡稳定性分析，显然直接 MCS 方法计算量较大，尤其是当 $m>4$ 时。

子集模拟的另一个挑战性问题是如何有效计算条件概率 $P(\Omega_{F_i}|\Omega_{F_{i-1}})$ $(i=2,3,\cdots,m)$，虽然这可以采用 Metropolis 程序计算[19,20]，但是对于高维问题(如模拟岩土体参数空间变异性)，样本接受率将非常小。如果建议概率分布的标准差取得较大，虽然马尔可夫链相互之间的相关性较小，但是条件样本的接受率也较小；如果建议概率分布的标准差取得较小，虽然条件样本的接受率增加，但是马尔可夫链相互之间的相关性也较大。为提高计

算精度，Au 和 Beck[16] 及 Papaioannou 等[21] 分别提出了基于元素的 MCMC 方法和基于条件抽样的 MCMC 方法，本书采用这两种方法基于位于失效区域 Ω_{F_i} $(i=1,2,\cdots,m-1)$ 内的 N_s 组种子样本产生另外的 $(1-p_0)N_1$ 组条件样本，这样可保证满足马尔可夫链相互之间相关性条件的同时，提高条件样本的接受率。

2.2.2 基于元素的 MCMC 方法

基于元素的 MCMC 方法[16]的具体计算流程如下：

for $j=1,2,\cdots,p_0N_1$ **do**

%基于每个种子样本产生 $(1/p_0-1)$ 个条件样本 $\boldsymbol{\theta}^{(j,1)}=[\theta_1^{(j,1)},\theta_2^{(j,1)},\cdots,\theta_n^{(j,1)}]^{\mathrm{T}}$

for $k=2,3,\cdots,1/p_0$ **do**

%产生 1 个候选样本 $\boldsymbol{\xi}=[\xi_1,\xi_2,\cdots,\xi_n]^{\mathrm{T}}$

for $t=1,2,\cdots,n$ **do**

(1) 以中心位于 $\theta_t^{(j,k-1)}$ 的概率密度函数 $p_t(\cdot\,|\theta_t^{(j,k-1)})$ 抽样产生一个预候选样本 $\tilde{\xi}_t$。

(2) 计算样本接受率。

$$r_t=\frac{q_t(\tilde{\xi}_t)}{q_t(\theta_t^{(j,k-1)})} \tag{2.28}$$

(3) 通过判定是否满足以下条件来接受或拒绝预候选样本 $\tilde{\xi}_t$：

$$\xi_t=\begin{cases}\tilde{\xi}_t, & \text{概率为 } \min\{1,r_t\}\\ \theta_t^{(j,k-1)}, & \text{概率为 } 1-\min\{1,r_t\}\end{cases} \tag{2.29}$$

end for

% 判断候选样本 $\boldsymbol{\xi}$ 是否位于失效区域 $\Omega_{F_i}=\{G(\boldsymbol{x})<g_i\}$ 内，$\boldsymbol{\xi}\in\Omega_{F_i}$，据此来接受或拒绝候选样本 $\boldsymbol{\xi}$：

$$\boldsymbol{\theta}^{(j,k)}=\begin{cases}\boldsymbol{\xi}, & \boldsymbol{\xi}\in\Omega_{F_i}\\ \boldsymbol{\theta}^{(j,k-1)}, & \text{其他}\end{cases} \tag{2.30}$$

end for

end for

值得注意的是，$p_t(\tilde{\xi}_t|\theta_t^{(j,k-1)})$ 表示中心位于 $\theta_t^{(j,k-1)}$ 的单变量 $\tilde{\xi}_t$ 的建议概

率分布，具有对称特性，即 $p_t(\tilde{\xi}_t|\theta_t^{(j,k-1)})=p_t(\theta_t^{(j,k-1)}|\tilde{\xi}_t)$。本书采用中心为当前样本、宽度为 2.0 的均匀分布作为建议概率分布。式(2.28)中的 $q_t(\theta_t^{(j,k-1)})$表示独立标准正态空间中单变量 $\theta_t^{(j,k-1)}$ 的目标概率密度函数。本书将单变量独立标准正态概率密度函数选作每个元素 t 的目标概率密度函数。

此外，式(2.29)可通过以下步骤予以实现：

(1) 产生一个[0,1]区间的随机样本 u。

(2) 如果 u 小于 $\tilde{r}_t=\min\{1,r_t\}$，则将预候选样本 $\tilde{\xi}_t$ 作为候选样本 ξ_t，否则拒绝预候选样本 $\tilde{\xi}_t$，取 $\theta_t^{(j,k-1)}$ 作为候选样本 ξ_t。

2.2.3 基于条件抽样的 MCMC 方法

基于元素的 MCMC 方法需要预先定义建议概率分布，建议概率分布选取的合理性对计算结果会有一定的影响[16]。为了简化计算和避免预先定义建议概率分布，Papaioannou 等[21]提出了基于条件抽样的 MCMC 方法，即通过构建当前样本和候选样本之间的联合正态分布关系产生条件样本。以条件概率密度函数 $\varphi_n(\boldsymbol{\xi}|\Omega_{F_i})$抽样为例，条件抽样的 MCMC 方法计算流程如下：

(1) 对于每个随机变量，从均值为 $\rho_j\xi_{0j}$、标准差为$\sqrt{1-\rho_j^2}$ 的正态分布中产生候选样本 v_j，这样可以获得候选样本向量 $\boldsymbol{v}=[v_1,v_2,\cdots,v_n]^{\mathrm{T}}$，其中 ρ_j 为相关参数。

(2) 判定候选样本向量 $\boldsymbol{v}$ 是否位于边坡失效区域内，据此接受或者拒绝候选样本向量 $\boldsymbol{v}$：

$$\boldsymbol{\xi}_1=\begin{cases}\boldsymbol{v}, & \boldsymbol{v}\in\Omega_{F_i}\\ \boldsymbol{\xi}_0, & \text{其他}\end{cases} \tag{2.31}$$

大多情况下，Metropolis-Hastings 程序产生的一维概率分布(如目标正态分布)样本的最优接受率大约为 0.44。另外，Zuev 等[17]和 Papaioannou 等[21]也研究证实 Metropolis-Hastings 程序的最优接受率接近于 0.44。

上述条件抽样的 MCMC 方法对随机向量所有维度都取相同的 ρ_j 值，其中相关参数 ρ_j 对生成马尔可夫链的效率具有重要的影响。为此，需要调整相关参数 ρ_j，使得接受率接近于最优值 0.44。在第 $i+1$ 层子集模拟中，需要基于位于失效区域 Ω_{F_i} 内的 N_s 个种子样本$\{\boldsymbol{\xi}_i^{(k)}:k=1,2,\cdots,N_s\}$，模拟

N_s 条马尔可夫链产生$(1-p_0)N_1$个条件样本。这一过程可以通过自适应计算予以实现，在每一个计算步选取 N_s 条马尔可夫链中的 N_a条链取同样的参数 ρ_j 进行条件抽样；接着对 N_s 条马尔可夫链中的另外 N_a条链进行条件抽样模拟，其参数 ρ_j 需要根据前 N_a条链条件抽样估计的接受率进行调整。需要说明的是，为了保证子集模拟估计的渐近无偏性，随机产生 N_s 条马尔可夫链中的另外 N_a 条链的种子样本。

上述过程需要选择一个适当的建议概率分布的标准差 σ_j，这个标准差恰好与条件抽样方法相关参数 ρ_j 之间存在一定的关系：$\sigma_j=\sqrt{1-\rho_j^2}$。计算流程主要如下：选择一组建议概率分布标准差初始值 $\sigma_{0j}(j=1,2,\cdots,n)$和一个初始缩尺参数 $\lambda_1\in(0,1)$，确定需进行相关参数 ρ_j 调整的马尔可夫链数目 N_a，并尽量保证 N_s/N_a是一个正整数。这一过程共需要进行 $\text{iter}=1,2,\cdots,N_s/N_a$次迭代计算，对于每次迭代计算 iter，每个元素建议概率分布的标准差 σ_j 都是通过标准差初始值 σ_{0j}与缩尺参数 λ_{iter}相乘得到的，同时要求每一个 σ_j 值都要小于独立标准正态随机变量的标准差 1.0。这样，对于每次迭代 iter，σ_j 的调整值为

$$\sigma_j=\min(\lambda_{\text{iter}}\sigma_{0j},1.0) \tag{2.32}$$

N_a 条马尔可夫链的种子样本需从 N_s 个种子样本$\{\boldsymbol{\xi}_i^{(k)}:k=1,2,\cdots,N_s\}$中随机获取，对于每一条马尔可夫链采用相关参数为 ρ_j 的条件抽样技术产生$(1/p_0-1)$个条件样本，其中参数 ρ_j 根据 σ_j 计算得到：

$$\rho_j=\sqrt{1-\sigma_j^2} \tag{2.33}$$

N_a条马尔可夫链的平均接受率为

$$\hat{a}_{\text{iter}}=\frac{1}{N_a}\sum_{k=1}^{N_a}\hat{E}[a(\boldsymbol{\xi}_i^{(k)})] \tag{2.34}$$

式中，$\hat{E}[a(\boldsymbol{\xi}_i^{(k)})]$为种子样本为 $\boldsymbol{\xi}_i^{(k)}$ 的第 k 条马尔可夫链的样本接受率。

另外，缩尺参数 λ_{iter}可通过如下表达式进行递归迭代计算得到：

$$\ln\lambda_{\text{iter}+1}=\ln\lambda_{\text{iter}}+\zeta_{\text{iter}}(\hat{a}_{\text{iter}}-a^*) \tag{2.35}$$

式中，a^* 为最优接受率，取 $a^*=0.44$；ζ_{iter}为一个正实数以确保其受迭代步的影响逐渐减小，$\zeta_{\text{iter}}=\text{iter}^{-1/2}$。

由式(2.35)可知，如果马尔可夫链的接受率小于 0.44，则一维条件正态分布的方差减小(即相关参数 ρ_j 增加)，马尔可夫链的接受率朝着逐渐增大的方向变化；相反，如果马尔可夫链的接受率大于 0.44，则一维条件正态分布的方差增大(即相关参数 ρ_j 减小)，马尔可夫链的接受率又朝着逐渐减

小的方向变化。

关于建议概率分布标准差初始值 σ_{0j} 的选取，有以下两种方法：

(1) 可使随机向量的所有维度都取 $\sigma_{0j}=1.0(j=1,2,\cdots,n)$，即所有随机变量都具有相同的相关参数 ρ_j。对于某高维可靠度问题，如果每个随机变量对极限状态函数的影响基本相同，则上述 σ_{0j} 取值方法可行。

(2) 首先计算每层子集模拟种子样本的每个元素的样本标准差，并将其取作 σ_{0j}。种子样本 $\{\boldsymbol{\xi}_i^{(k)}:k=1,2,\cdots,N_s\}$ 的第 j 个元素的样本均值和标准差计算表达式分别为

$$\hat{\mu}_j=\frac{1}{N_s}\sum_{k=1}^{N_s}\xi_{ij}^{(k)} \tag{2.36}$$

$$\hat{\sigma}_j=\sqrt{\frac{1}{N_s-1}\sum_{k=1}^{N_s}(\xi_{ij}^{(k)}-\hat{\mu}_j)^2} \tag{2.37}$$

需要说明的是，较小 $\hat{\sigma}_j$ 值对应的随机变量对当前可靠度分析极限状态函数的影响较大；相反，较大 $\hat{\sigma}_j$ 值对应的随机变量对当前可靠度分析极限状态函数的影响较小。将标准差初始值取 $\sigma_{0j}=\hat{\sigma}_j$，可以有效考虑随机变量的相对重要性，能够确保具有重要影响的随机变量对应的相关参数 ρ_j 取值较大，而影响较小的随机变量对应的相关参数 ρ_j 取值接近于 0。

综上可知，基于条件抽样的 MCMC 方法是利用位于失效区域 Ω_{F_i} 内的 N_s 个种子样本 $\{\boldsymbol{\xi}_i^{(k)}:k=1,2,\cdots,N_s\}$ 为第 $i+1$ 层子集模拟产生 $(1-p_0)N_l$ 个条件样本，其计算流程主要如下：

(1) 选择标准差 σ_{0j} 的初始值：取 $\sigma_{0j}=1.0(j=1,2,\cdots,n)$；或者根据式(2.36)和式(2.37)计算种子样本 $\{\boldsymbol{\xi}_i^{(k)}:k=1,2,\cdots,N_s\}$ 的第 j 个元素的样本均值 $\hat{\mu}_j$ 和标准差 σ_j，并取 $\sigma_{0j}=\hat{\sigma}_j(j=1,2,\cdots,n)$。

(2) 借助 MATLAB 中的 randperm 函数对 N_s 个种子样本 $\{\boldsymbol{\xi}_i^{(k)}:k=1,2,\cdots,N_s\}$ 进行随机排序。

(3) 对于每次迭代计算 iter$=1,2,\cdots,N_s/N_a$，通过式(2.32)和式(2.33)计算条件抽样技术的相关参数 ρ_j；对于每次子迭代计算 $k=(\text{iter}-1)N_a+1,(\text{iter}-1)N_a+2,\cdots,\text{iter}N_a$，取 $\boldsymbol{\xi}_{i+1}^{[(k-1)/p_0+1]}=\boldsymbol{\xi}_i^{(k)}$ 采用相关参数为 ρ_j 的条件抽样技术对每条马尔可夫链生成 $1/p_0-1$ 个条件样本 $\{\boldsymbol{\xi}_{i+1}^{[(k-1)/p_0+t]}:t=2,3,\cdots,1/p_0\}$；通过式(2.34)计算最后 N_a 条马尔可夫链的平均接受率 $\hat{a}_{\text{iter}}$；通过式(2.35)计算新的缩尺参数 $\lambda_{\text{iter}+1}$。

参数 N_a 的取值会影响计算效率，研究表明，在 $p_a \in [0.1, 0.2]$ 区间中选择 $N_a = p_a N_s$ 可以得到较好的计算结果。对于第 1 层子集模拟，缩尺参数初值取 $\lambda_1 = 0.6$ 也是一个很好的选择。对于后续每一层子集模拟需用前一层子集模拟计算获得的缩尺参数终值代替缩尺参数初值重复计算。值得注意的是，为了确保获得的概率估计值的渐近无偏性，有必要在步骤(2)中提前对初始样本进行随机排列。

2.2.4　PDF、CDF 和 CCDF 曲线

获得边坡输出响应量之后，子集模拟还可以快速地绘制输出响应量的概率密度函数(probability density function，PDF)、累积分布函数(cumulative distribution function，CDF)和互补累积分布函数(complementary cumulative distribution function，CCDF)曲线。与 MCS 方法相比，子集模拟将小概率表达为一系列较大的中间事件条件概率的乘积，需要进行多层子集模拟计算，存在多个样本空间，绘制输出响应量的 PDF、CDF 和 CCDF 曲线需要利用每个样本空间的失效样本及概率权重。采用 Kernel 平滑技术[22]绘制 PDF、CDF 和 CCDF 曲线的主要步骤如下：

(1) 从每层子集模拟样本空间提取输出响应量 $\boldsymbol{F}^{(i)}$：

$$\boldsymbol{F}^{(i)} = [F_1^{(i)}, F_2^{(i)}, \cdots, F_{N_i}^{(i)}]^{\mathrm{T}}, \quad i = 1, 2, \cdots, m$$

式中，N_i 为位于第 i 层子集模拟样本空间中的样本数目。

(2) 计算输出响应量的 PDF 值：

$$f(\boldsymbol{F}^{(i)}, h_k) = \frac{P(\Omega_{Z_i})}{h_k N_t} \sum_{j=1}^{N_t} K\left[\frac{\boldsymbol{F}^{(i)} - F_j^{(i)}}{h_k}\right] \tag{2.38}$$

式中，$P(\Omega_{Z_i})$ 为第 i 层子集模拟样本空间的概率权重；h_k 为带宽参数。

$$P(\Omega_{Z_i}) = \begin{cases} p_0^i (1 - p_0), & i = 1, 2, \cdots, m-1 \\ p_0^i, & i = m \end{cases} \tag{2.39}$$

$$h_k = \left(\frac{4}{3N_t}\right)^{0.2} \min(\sigma_F, \mathrm{iqr}_F) \tag{2.40}$$

式中，σ_F 和 iqr_F 分别为输出响应量的标准差和四分位数间距。

$K(\cdot)$ 为 Kernel 函数，一般选用标准正态概率密度函数，或者选用 Epanechnikov Kernel 函数 $K_E(\cdot)$：

$$K_E(X) = \begin{cases} \frac{3}{4}(1 - x^2), & |x| \leqslant 1 \\ 0, & |x| > 1 \end{cases} \tag{2.41}$$

(3) 对不同位置处的 PDF 值进行简单累加便可得到输出响应量的 CDF 曲线，这一过程可借助 MATLAB 函数 cumsum(·)予以实现。

(4) 用 1.0 减去不同位置处的 CDF 值便可得到输出响应量的 CCDF 曲线。

2.2.5 计算流程

子集模拟计算流程主要如下：

(1) 输入岩土体参数统计信息(均值、标准差、概率分布、自相关函数和波动范围等)。

(2) 在第 1 层基于 MCS 产生 N_1组维度为 n 的独立标准正态随机样本，再采用 Nataf 等概率变换或随机场离散方法[23]模拟得到相应的 N_1组原始空间实现值，计算对应的 N_1个驱动变量 F 值，并将 N_1个 F 值按照升序排列，将第 p_0N_1+1 个 F 值取作 g_1，有 $P(\Omega_{F_1})=P(F<g_1)$等于条件概率 p_0。

(3) 提取 F 值小于 g_1 所对应的 $N_s=p_0N_1$组随机样本$\{\boldsymbol{\xi}_1^{(k)}:k=1,2,\cdots,N_s\}$并视为种子样本，采用上述基于元素或条件抽样的 MCMC 方法另外产生$(1-p_0)N_1$组条件样本，同样采用 Nataf 等概率变换或随机场离散方法模拟得到这$(1-p_0)N_1$组条件样本对应的原始空间实现值，并计算对应的 F 值，显然这些 F 值也均小于 g_1。将这$(1-p_0)N_1$个 F 值与 N_s组种子样本对应的 F 值放在一起按照升序排列，同理将第 p_0N_1+1 个 F 值取作阈值 g_2，也有 N_s组随机样本的 F 值小于 g_2，且有 $P(\Omega_{F_2}|\Omega_{F_1})=P(F<g_2|F<g_1)=p_0$。

(4) 将步骤(2)重复 $m-2$ 次，依次确定阈值 $g_3,g_4,\cdots,g_m$并定义中间失效事件$\Omega_{F_3},\Omega_{F_4},\cdots,\Omega_{F_m}$。假设随机样本在第 m 层逼近目标失效事件Ω_F，即抽样空间达到边坡失效区域，同样将位于 Ω_{F_m} 中的 N_1组随机样本所对应的 F 值按照升序排列，第 p_0N_1+1 个 F 值作为阈值 g_m，与前 $m-1$ 个阈值均大于 0 不同，此时有 $g_m\leqslant0$，子集模拟计算终止。

(5) 统计最后一层中 $F<0$ 的失效样本数目，计为 N_f，显然 $N_f\geqslant N_s$。将 $P(\Omega_{F_1})=p_0$，$P(\Omega_{F_{i+1}}|\Omega_{F_i})=p_0(i=1,2,\cdots,m-2)$，$P(\Omega_{F_m}|\Omega_{F_{m-1}})=N_f/N_1$依次代入式(2.20)，便可得到边坡失效概率为 $P_f=p_0^{m-1}N_f/N_1$。

2.3 拒绝抽样程序

2.3.1 基本原理

某一岩土场地的勘查信息包括试验数据、监测数据和表征结构安全性能的观测信息,它们均属于等量信息范畴,基于等量信息的可靠度更新问题一直是结构及岩土可靠领域内的研究难点。为了解决这一难题,Straub[24]提出了拒绝抽样程序,通过引入一个似然函数乘子 c 并基于似然函数构建不等式对这一问题进行求解。对似然函数做一个简单的变换:

$$L(\boldsymbol{x})=\frac{1}{c}P\{\xi-\Phi^{-1}[cL(\boldsymbol{x})]\leqslant 0\} \tag{2.42}$$

式中,ξ 为独立标准正态随机变量;$\Phi^{-1}(\cdot)$为标准正态变量累积分布函数的逆函数;c 为似然函数乘子,要求对于所有的 $\boldsymbol{x}$ 满足 $cL(\boldsymbol{x})\leqslant 1.0$。

显然,式(2.42)恒成立,这是因为 $P\{\xi-\Phi^{-1}[cL(\boldsymbol{x})]\leqslant 0\}=P\{\xi\leqslant\Phi^{-1}[cL(\boldsymbol{x})]\}=\Phi\{\Phi^{-1}[cL(\boldsymbol{x})]\}=cL(\boldsymbol{x})$。将式(2.42)中不等式失效区域定义为场地信息事件失效区域:

$$\Omega_Z=\{\xi-\Phi^{-1}[cL(\boldsymbol{x})]\leqslant 0\} \tag{2.43}$$

Ω_Z 可进一步表示为

$$\Omega_Z=\{u-cL(\boldsymbol{x})\leqslant 0\} \tag{2.44}$$

式中,u 为[0,1]区间均匀分布的随机变量 U 的模拟值,进而定义扩展随机向量的实现值 $\boldsymbol{x}_+=(\boldsymbol{x}^{\mathrm{T}},u)^{\mathrm{T}}$。

根据式(2.42)~式(2.44),似然函数可以表示为

$$L(\boldsymbol{x})=\frac{1}{c}\int_{(\boldsymbol{x},\xi)\in\Omega_Z}\varphi(\xi)\mathrm{d}\xi=\frac{1}{c}\int_{(\boldsymbol{x},u)\in\Omega_Z}f(u)\mathrm{d}u \tag{2.45}$$

2.3.2　有效性验证

拒绝抽样程序需要证明,如果由 $\boldsymbol{x}$ 和 u 联合概率分布 $f'_{\boldsymbol{X}}(\boldsymbol{x})I(0\leqslant u\leqslant 1)$ 产生的样本$(\boldsymbol{x},u)$落在失效区域 Ω_Z 内,则 $\boldsymbol{x}$ 是否服从目标后验概率分布 $f''_{\boldsymbol{X}}(\boldsymbol{x})$。后验联合概率分布可以表示为

$$f''(\boldsymbol{x},u)=\frac{1}{P_A}f'_{\boldsymbol{X}}(\boldsymbol{x})f(u)I[u\leqslant cL(\boldsymbol{x})] \tag{2.46}$$

式中,P_A为接受概率,即由先验联合概率分布产生的样本被接受为后验样本的概率。

$$P_A=\iint f'_{\boldsymbol{X}}(\boldsymbol{x})f(u)I[u\leqslant cL(\boldsymbol{x})]\mathrm{d}u\mathrm{d}\boldsymbol{x}$$

式中,$f(u)$为[0,1]均匀分布的概率密度函数,$f(u)=1$。

对后验联合概率分布中的变量 u 在[0,1]区间内进行积分便可以得到向量 $\boldsymbol{X}$ 的边缘概率密度函数:

$$
\begin{aligned}
f''(\boldsymbol{x}) &= \int_0^1 f''(\boldsymbol{x},u)\,\mathrm{d}u \\
&= \frac{1}{P_A} f'_{\boldsymbol{X}}(\boldsymbol{x}) \int_0^1 f(u) I[u \leqslant cL(\boldsymbol{x})]\,\mathrm{d}u \\
&= \frac{f'_{\boldsymbol{X}}(\boldsymbol{x}) cL(\boldsymbol{x})}{P_A} \propto f''_{\boldsymbol{X}}(\boldsymbol{x})
\end{aligned}
\tag{2.47}
$$

显然，在满足 $cL(\boldsymbol{x}) \leqslant 1.0$ 的条件下，通过拒绝抽样程序产生的位于失效区域 Ω_Z 内的样本一定服从目标后验概率分布 $f''_{\boldsymbol{X}}(\boldsymbol{x})$。

2.3.3 计算流程

拒绝抽样程序计算流程图如图 2.3 所示，步骤如下：

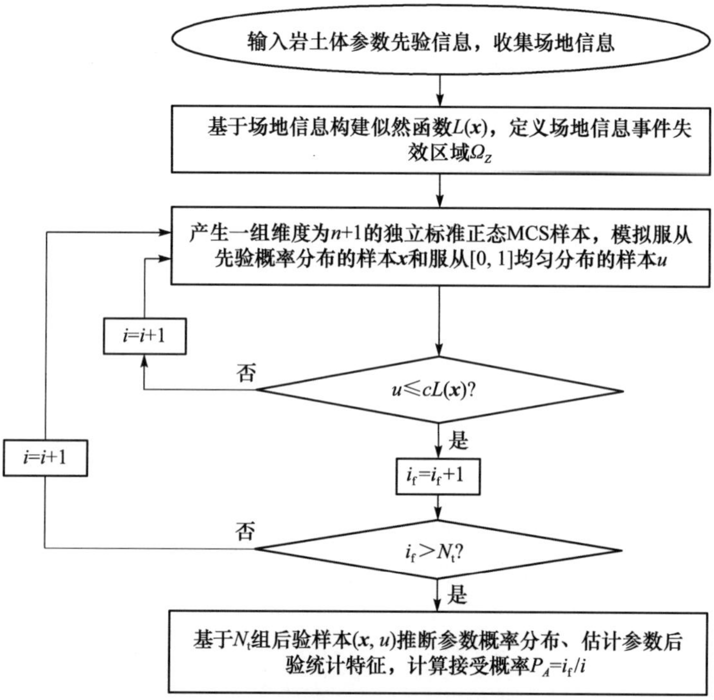

图 2.3　拒绝抽样程序计算流程图

(1) 输入岩土体参数先验信息(均值、标准差、概率分布、自相关函数和波动范围等)，收集不同来源的试验数据和监测数据等场地信息并构建相应的似然函数。

(2) 采用 MCS 方法产生 $n+1$ 维独立标准正态随机样本，通过 Nataf 等概率变换或随机场离散方法[23]分别得到服从先验概率分布 $f'_{\boldsymbol{X}}(\boldsymbol{x})$的样本 $\boldsymbol{x}$

和服从[0,1]均匀分布的样本 u。

(3) 判断($\boldsymbol{x},u$)是否落在失效区域 Ω_Z 内，即如果满足 $u \leqslant cL(\boldsymbol{x})$，则接受该样本为服从目标概率分布 $f''_{\boldsymbol{X}}(\boldsymbol{x})$的后验样本。

(4) 重复步骤(1)～(3)，产生 N_t组后验样本，在此基础上采用数理统计方法推断岩土体参数 $\boldsymbol{X}$ 的概率分布并估计其后验统计特征(均值、标准差等)，计算接受概率 P_A。

2.4　贝叶斯更新方法

2.4.1　基本原理

拒绝抽样程序虽然执行简便，但是其样本接受率和计算效率均随着不确定性输入参数和试验数据的增加而减小。特别是当试验数据对输入参数提供的信息量较大时，由先验概率分布产生的样本的似然函数值非常小，使得参数先验概率分布需要发生很大的改变才能被更新为后验概率分布，导致对于一些典型的贝叶斯更新问题，拒绝抽样程序的样本接受率和计算效率非常低。为此，借助式(2.44)构建场地信息失效区域 Ω_Z，将基于等量场地信息的贝叶斯更新问题转换为等效的结构可靠度问题。这是 Straub 和 Papaioannou[1]提出的 BUS 方法，是拒绝抽样程序的延伸和拓展。为方便贝叶斯更新过程中条件样本的产生和简化可靠度计算，通常将原始空间失效区域 Ω_Z 转换到独立标准正态空间，得到相应的失效区域为

$$\Omega_Z = \{\xi_{n+1} - \Phi^{-1}\{cL[T(\boldsymbol{\xi})]\} \leqslant 0\} \tag{2.48}$$

式中，对于随机变量而言，$T(\cdot)$为 Nataf 等概率变换函数；对于随机场而言，$T(\cdot)$则为随机场离散方法，如 Karhunen-Loève 级数展开方法、基于乔列斯基分解的中点法和局部平均法等；$\boldsymbol{\xi}$ 为维度为 n 的独立标准正态随机向量，$\boldsymbol{\xi}=[\xi_1,\xi_2,\cdots,\xi_n]^{\mathrm{T}}$。$\boldsymbol{\xi}$ 和 ξ_{n+1}组合在一起得到扩展向量 $\boldsymbol{\xi}_+ = [\boldsymbol{\xi}^{\mathrm{T}},\xi_{n+1}]^{\mathrm{T}}$。

为了提高计算效率和保证数值计算的稳定性，在保持失效区域不变的前提下，可将式(2.44)表示为自然对数的形式：

$$\Omega_Z = \{\ln u - \ln[cL(\boldsymbol{x})] \leqslant 0\} \tag{2.49}$$

据此，对岩土体参数 $\boldsymbol{X}$ 后验概率分布的推断及其统计特征的估计便可转换为对以式(2.44)为失效区域的结构可靠度问题的求解。根据式(2.2)似然函数的定义，当不确定性输入参数取某一特定值 $\boldsymbol{x}$ 时，场地信息事件发生的概率为

$$P(\Omega_Z \mid \boldsymbol{X}=\boldsymbol{x})=dL(\boldsymbol{x})=\frac{d}{c}\int_{(\boldsymbol{x},u)\in\Omega_Z} f(u)\mathrm{d}u \tag{2.50}$$

式中,d 为比例常数。

则场地信息事件发生的概率 $P(\Omega_Z)$ 为

$$P(\Omega_Z)=\int_{\boldsymbol{X}} P(\Omega_Z \mid \boldsymbol{X}=\boldsymbol{x}) f'_{\boldsymbol{X}}(\boldsymbol{x})\mathrm{d}\boldsymbol{x}=\frac{d}{c}\iint_{(\boldsymbol{x},u)\in\Omega_Z} f(u) f'_{\boldsymbol{X}}(\boldsymbol{x})\mathrm{d}u\mathrm{d}\boldsymbol{x} \tag{2.51}$$

需要说明的是,对于考虑岩土体参数空间变异性的高维结构可靠度问题,式(2.51)积分区域较为复杂,需要借助 MCS、子集模拟和重要抽样等模拟方法以及一阶可靠度方法(first order reliability method,FORM)和二阶可靠度方法(second order reliability method,SORM)求解。子集模拟可以有效求解低概率水平的高维结构可靠度问题(如考虑岩土体参数空间变异性),因此采用子集模拟计算 $P(\Omega_Z)$。

BUS 方法的计算流程与子集模拟的计算流程大体相似,不同的是,BUS 方法关注的失效区域是 Ω_Z,驱动变量可以是 $Z=u-cL(\boldsymbol{x})$、$Z=\xi-\Phi^{-1}[cL(\boldsymbol{x})]$ 或 $Z=\ln u-\ln[cL(\boldsymbol{x})]$,而子集模拟关注的是边坡失效区域 Ω_F,驱动变量为 $F=\mathrm{FS}(\boldsymbol{x})-1.0$。同样,BUS 方法将一个较小的场地信息事件 Ω_Z 发生的概率表达为一系列较大的中间失效事件条件概率的乘积,如前所述,Ω_Z 发生的概率即为接受概率 P_A,计算公式为

$$P_A=P(\Omega_Z)=P(Z<0)=P(\Omega_{Z_1})\prod_{i=2}^{m} P(\Omega_{Z_i} \mid \Omega_{Z_{i-1}}) \tag{2.52}$$

式中,中间事件 $\Omega_{Z_i}=\{Z<b_i\}$,其中 b_i 为阈值,$i=1,2,\cdots,m$,m 为子集模拟为达到失效区域Ω_Z 所需模拟的层数;$P(\Omega_{Z_1})$为 Z_1 的发生概率;$P(\Omega_{Z_i}|\Omega_{Z_{i-1}})$为在 $\Omega_{Z_{i-1}}$ 发生的条件下 Ω_{Z_i} 发生的概率。

类似地,通过产生中间失效事件的条件样本,并估计对应的条件概率,使之逐步逼近目标失效区域 Ω_Z。其中关键一步是对所产生的随机样本进行统计分析,确定失效事件 Ω_{Z_1} 和 Ω_{Z_i} 及与之对应的阈值 b_1 和 b_i,使得 $P(\Omega_{Z_1})$和 $P(\Omega_{Z_i}|\Omega_{Z_{i-1}})$$(i=2,3,\cdots,m-1)$均等于条件概率 p_0。不难发现,通过子集模拟求解该等效的结构可靠度问题获得的失效样本也一定服从目标后验概率分布 $f''_{\boldsymbol{X}}(\boldsymbol{x})$。基于这些失效样本采用数理统计方法便可推断得到岩土体参数后验概率分布及统计特征(均值、标准差等)。

2.4.2 似然函数乘子确定方法

相比于子集模拟,BUS 方法采用子集模拟计算失效区域为 Ω_Z 的结构

可靠度问题时，其驱动变量 Z 与似然函数乘子 c 相关，导致在参数概率分布推断过程中，子集模拟计算之前需要确定 c 值。准确计算 c 值对于保证 BUS 方法的计算精度和效率非常重要，如果 c 取值较小，$cL(\boldsymbol{x})\leqslant 1.0$ 无条件满足，获得失效样本虽然服从目标后验概率分布，但是由式(2.44)可知，失效区域 Ω_Z 很小，相应的接受概率 P_A 也很小，所需的子集模拟计算量很大。如果 c 取值较大，$cL(\boldsymbol{x})\leqslant 1.0$ 条件不一定满足，从而可能导致失效样本所服从的概率分布与目标后验概率分布存在一定的偏差[25]。大多数情况下 c 值不能根据似然函数解析计算，为此 Straub 和 Papaioannou[1] 和 Betz 等[26] 给出了 c 值的数值计算方法。由式(2.44)可知，c 值越大，失效区域 Ω_Z 越大，接受概率 P_A 也越大，进而子集模拟的计算效率越高。因此，在满足 $cL(\boldsymbol{x})\leqslant 1.0$ 前提下，c 取值越大越好。c 值的计算表达式为[1]

$$c=\frac{1}{\sup L(\boldsymbol{x})} \tag{2.53}$$

式中，$\sup L(\boldsymbol{x})$ 为似然函数的上界值。

对于采用不等式表征的场地信息事件，如果 $\sup L(\boldsymbol{x})=1$，则 $c=1$。需要说明的是，对于 n_d 组试验数据或监测数据，需要构建对应的 n_d 个似然函数，c 值根据所有似然函数最大值的乘积计算得到：

$$c=\frac{1}{\prod_{i=1}^{n_d}\sup L_i(\boldsymbol{x})} \tag{2.54}$$

为了保证计算精度和效率同时达到最佳，每层子集模拟计算中的 c 值均取 $c_{\max}$，由 $cL(\boldsymbol{x})\leqslant 1.0$ 条件可得出 $c_{\max}$ 的计算表达式为[26]

$$c_{\max}=\frac{1}{\max\limits_{\boldsymbol{X}} L(\boldsymbol{x})} \tag{2.55}$$

其中第 i 层子集模拟中 c_i 值的计算表达式为

$$c_i=\frac{1}{\max\{c_{i-1}^{-1},\{L(\boldsymbol{x}_{i,k}),k=1,2,\cdots,N_l\}\}},\quad i=1,2,\cdots,m \tag{2.56}$$

同时为了保证子集模拟中间事件 Ω_{Z_m} 被完全包含在事件 $\Omega_{Z_{m-1}}$ 中，要求由每层子集模拟获得的 c 值满足以下关系：$c_1\geqslant c_2\geqslant\cdots\geqslant c_m$。

2.4.3　计算流程

BUS 方法的计算流程图如图 2.4 所示，步骤如下：

(1) 输入参数先验信息(均值、标准差、概率分布、自相关函数和波动范围等)，收集不同来源的试验数据和监测数据等场地信息并构建对应的似然函数。

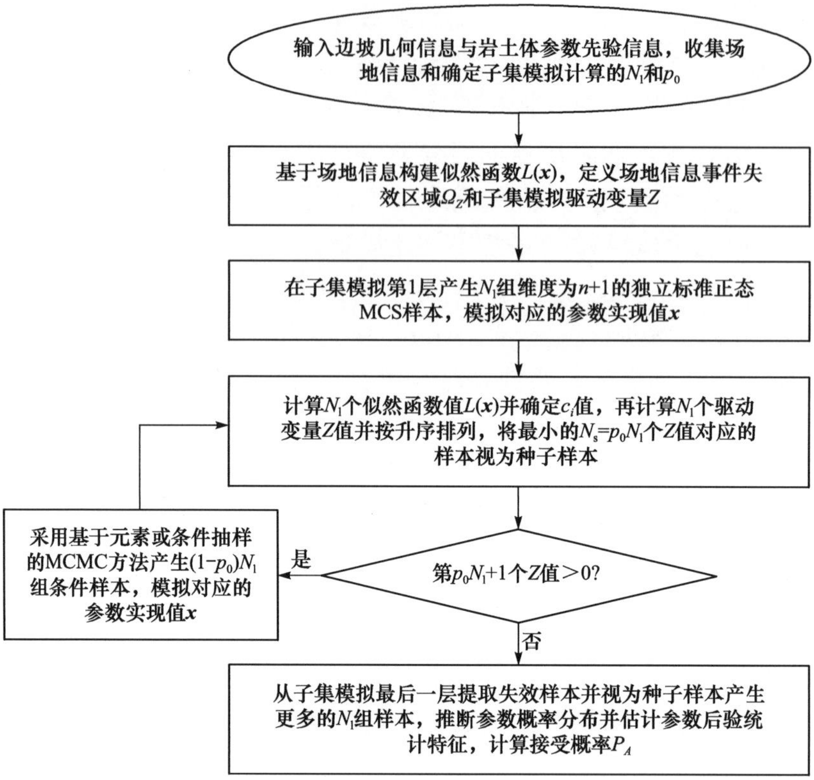

图 2.4　BUS 方法计算流程图

(2) 在第 1 层产生 N_1组 $n+1$ 维 MCS 样本点，并采用等概率变换或随机场离散方法[23]模拟 N_1组原始空间参数实现值 $\boldsymbol{x}$，计算似然函数乘子 c_1，计算得到对应的 N_1个驱动变量 Z 值。然后将 N_1个 Z 值按照升序排列，并把第 p_0N_1+1 个 Z 值取为 b_1，这样有 $P\{Z<b_1\}$等于条件概率 p_0。

(3) 提取 $N_s=p_0N_1$组 Z 值小于 b_1 的随机样本并视为种子样本，采用基于元素或条件抽样的 MCMC 方法产生另外$(1-p_0)N_1$组条件样本，并同样模拟这$(1-p_0)N_1$组随机样本对应的原始空间参数实现值，计算似然函数乘子 c_2 及对应的驱动变量 Z 值，显然它们均大于 b_1。将这$(1-p_0)N_1$个 Z 值与 N_s组种子样本对应的 Z 值放在一起再按照升序排列，同样将第p_0N_1+1个 Z 值取为阈值 b_2，有 $P(\Omega_{Z_2}|\Omega_{Z_1})=P\{Z<b_2|Z<b_1\}=p_0$，也提取 Z 值小于 b_2 的 N_s组随机样本并视为种子样本，同样产生另外$(1-p_0)N_1$组条件样本。

(4) 类似地将步骤(3)重复 $m-2$ 次，依次确定似然函数乘子 $c_3,c_4,\cdots,c_m$和阈值 $b_3,b_4,\cdots,b_m$并定义失效区域 $\Omega_{Z_3},\Omega_{Z_4},\cdots,\Omega_{Z_m}$，一旦随机样本抽样

空间在第 m 层达到失效区域 Ω_Z，子集模拟计算终止。将位于 Ω_{Z_m} 中的 N_1 组样本对应的 Z 值也按升序排列，取第 p_0N_1+1 个 Z 值为阈值 b_m，与前 $m-1$ 个阈值均大于 0 不同，此时有 $b_m\leqslant 0$。

(5) 统计第 m 层中 $Z<0$ 的失效样本数目，计为 N_f，显然 $N_f\geqslant N_s$。将 N_f 组失效样本视为种子样本产生更多的 N_1 组样本，采用数理统计方法推断参数概率分布并估计参数后验统计特征。

(6) 将 $P(\Omega_{Z_1})=p_0$，$P(\Omega_{Z_i}|\Omega_{Z_{i-1}})=p_0(i=2,3,\cdots,m-1)$，$P(\Omega_{Z_m}|\Omega_{Z_{m-1}})=N_f/N_1$ 依次代入式(2.52)，便可得到接受概率为 $P_A=p_0^{m-1}N_f/N_1$。

2.5　自适应贝叶斯更新方法

2.5.1　基本原理

BUS 方法中子集模拟驱动变量 Z 与似然函数乘子 c 相关，在参数概率分布推断过程中，子集模拟计算之前需要确定 c 值。又由式(2.53)～式(2.56)可知，c 值的计算受似然函数的影响较大，特别是当试验数据或监测数据较多，导致似然函数值较小时，c 值的计算精度较低。另外，c 值计算与子集模拟计算耦合在一起，导致 BUS 方法的计算过程较为烦琐，计算效率不高。为此，按照文献[25]的做法，调整场地信息失效区域 Ω_Z 和对应的子集模拟驱动变量 Z 的表达形式，其中 Ω_Z 表达式调整为

$$\Omega_Z=\left\{\ln\frac{L(\boldsymbol{x})}{u}>-\ln c\right\}\tag{2.57}$$

对应的子集模拟驱动变量 Z 调整为

$$Z=\ln\frac{L(\boldsymbol{x})}{u}\tag{2.58}$$

驱动变量 Z 采用自然对数的形式是为了加快计算效率，当然也可采用其他对数形式作为基底。则式(2.57)目标失效区域转换为 $\Omega_Z=\{Z>b\}$，其中阈值 b 定义为

$$b=-\ln c\tag{2.59}$$

与 BUS 方法相比，式(2.58)的驱动变量 Z 不再与似然函数乘子 c 有关，推断参数概率分布无需提前确定 c 值。由式(2.59)可知，如果阈值 b 取值足够大，则相应的 c 取值便足够小，$cL(\boldsymbol{x})\leqslant 1.0$ 也无条件满足，落在失效区域 $\Omega_Z=\{Z>b\}$ 中的失效样本也一定服从目标后验概率分布。其中的重要一

步是如何合理确定阈值 b，为了获得服从目标后验概率分布的失效样本，要求 b 必须大于 $b_{\min}$[25]，根据式(2.59)可得 $b_{\min}$ 计算表达式为

$$b_{\min}=-\ln c_{\max}=\ln[\max_{\boldsymbol{x}} L(\boldsymbol{x})] \tag{2.60}$$

需要说明的是，虽然与 $c_{\max}$ 一样，$b_{\min}$ 事先也是未知的，但是这并不会影响后续子集模拟计算。同样，将 $P(Z>b)$ 表达为一系列较大的中间事件条件概率的乘积：

$$P_A=P(\Omega_Z)=P(Z>b)=P(\Omega_{Z_1})\prod_{i=2}^{m}P(\Omega_{Z_i}\mid\Omega_{Z_{i-1}}) \tag{2.61}$$

式中，中间事件 $\Omega_{Z_i}=\{Z>b_i\}$，b_i 为阈值，$i=1,2,\cdots,m$。

类似于常规子集模拟计算，产生中间事件条件样本并对其进行统计分析，确定失效事件 $\Omega_{Z_1},\Omega_{Z_2},\cdots,\Omega_{Z_m}$ 及与之对应的阈值 $b_1,b_2,\cdots,b_m$，使得 $P(\Omega_{Z_1})$ 和 $P(\Omega_{Z_i}|\Omega_{Z_{i-1}})(i=2,3,\cdots,m)$ 均等于条件概率 p_0，并满足 $\Omega_{Z_1}\supset\Omega_{Z_2}\supset\cdots\supset\Omega_{Z_{m-1}}\supset\Omega_{Z_m}$ 和 $b_1<b_2<\cdots<b_{m-1}<b_{\min}<b_m$。也就是说，随着子集模拟层数的增加，一旦第 m 层子集模拟的阈值 b_m 大于 $b_{\min}$，便可终止计算。

DiazDelao 等[25]研究发现，CCDF 曲线即 $P(Z>b)$ 函数随阈值 b 的变化在 $b>b_{\min}$ 与 $b<b_{\min}$ 前后两部分呈现出明显不同的变化特征。$P(Z>b)$ 的计算表达式为

$$P(Z>b)=P_D\mathrm{e}^{-b},\quad b>b_{\min} \tag{2.62}$$

式中，P_D 为模型证据，常用于选择最优的概率统计模型或贝叶斯更新模型等。

由式(2.62)可知，当阈值 b 由某一小值逐渐增加至 $b_{\min}$ 并超过 $b_{\min}$ 时，$P(Z>b)$ 函数会由接近于 1.0 的递减函数突变为呈指数递减的函数，即 CCDF 曲线会在 $b_{\min}$ 处发生明显突变。式(2.62)可进一步变换为

$$\ln P(Z>b)=\ln P_D-b,\quad b>b_{\min} \tag{2.63}$$

由式(2.63)可知，阈值 b 一旦超过 $b_{\min}$，$\ln P(Z>b)$ 函数曲线会突变为斜率为 -1 的递减直线。由此可以根据 $\ln P(Z>b)$ 随 b 的变化关系来判断子集模拟阈值 b_m 是否大于 $b_{\min}$。如果 $b_m>b_{\min}$，则可终止子集模拟计算，并从子集模拟最后一层提取失效样本，采用数理统计方法便可推断岩土体参数概率分布并估计后验统计特征(均值、标准差等)。

综上可知，以上方法推断参数概率分布无需提前确定 c 值，通过自适应方式判断贝叶斯更新中子集模拟阈值 b_m 是否大于 $b_{\min}$，因此本书将该方法称为 aBUS 方法。

2.5.2　自适应计算终止条件

根据 $\ln P(Z>b)$随阈值 b 的变化关系曲线确定的 aBUS 方法中子集模拟计算终止条件是一种定性的做法，人为因素影响大，计算精度不高。为了保证 aBUS 方法计算的可操作性并获得满意的计算结果，有必要建立定量的子集模拟自适应计算终止条件。如上所述，为了保证从第 i 层子集模拟中获得的失效样本服从目标后验概率分布，必须满足 $cL(\boldsymbol{x})\leqslant 1.0$ 和$b_i>b_{\min}$这两个条件，也就是要求

$$e^{-b_i}L(\boldsymbol{x})<e^{-b_{\min}}L(\boldsymbol{x})\leqslant 1.0 \tag{2.64}$$

换句话说，如果 $B_i=\{e^{-b_i}L(\boldsymbol{x})>1.0\}$接近空集，相应概率 $a_i=P(B_i)=P\{e^{-b_i}L(\boldsymbol{x})>1.0\}$接近于 0，则式(2.64)无条件满足，可终止自适应计算，从中获得的失效样本一定服从目标后验概率分布。为了判断是否可以终止自适应计算，需要在每层子集模拟计算中估计 a_i值。a_i值虽然可以采用 MCS 等结构可靠度方法计算，但是计算效率较低，本书通过进行一轮内部子集模拟估计 a_i值，估计 a_i值时条件概率 p_0 取 0.1、每层样本数目 N_1取 500 以提高计算效率。如果内部子集模拟计算的 $a_i<10^{-8}$，便终止自适应计算（即外层子集模拟计算）。需要指出的是，尽管对于每层子集模拟都增加了内部子集模拟计算，但是两者完全相互独立，互不干扰，可操作性强，因为内部子集模拟计算只需调用外部子集模拟提供的阈值 b_i。

2.5.3　计算流程

aBUS 方法的计算流程图如图 2.5 所示，步骤如下：

(1) 输入参数先验信息（均值、标准差、概率分布、自相关函数和波动范围等），收集不同来源的试验数据和监测数据等场地信息，并构建对应的似然函数。

(2) 在第 1 层产生 N_1组 $n+1$ 维 MCS 样本点，并采用等概率变换或随机场离散方法[23]模拟 N_1组原始空间岩土体参数实现值 $\boldsymbol{x}$，代入式(2.58)计算得到对应的 N_1个驱动变量 Z 值。然后将 N_1个 Z 值按照降序排列，并把第 p_0N_1+1 个 Z 值取为 b_1，这样有 $P\{Z>b_1\}$等于条件概率 p_0，进行内部子集模拟计算 $a_1=P\{e^{-b_1}L(\boldsymbol{x})>1.0\}$，并判断 a_1 是否小于 10^{-8}，如果不成立，便从中提取 $N_s=p_0N_1$组 Z 值大于 b_1 的随机样本并视为种子样本，采用基于元素或条件抽样的 MCMC 方法产生另外$(1-p_0)N_1$组条件样本，并同样

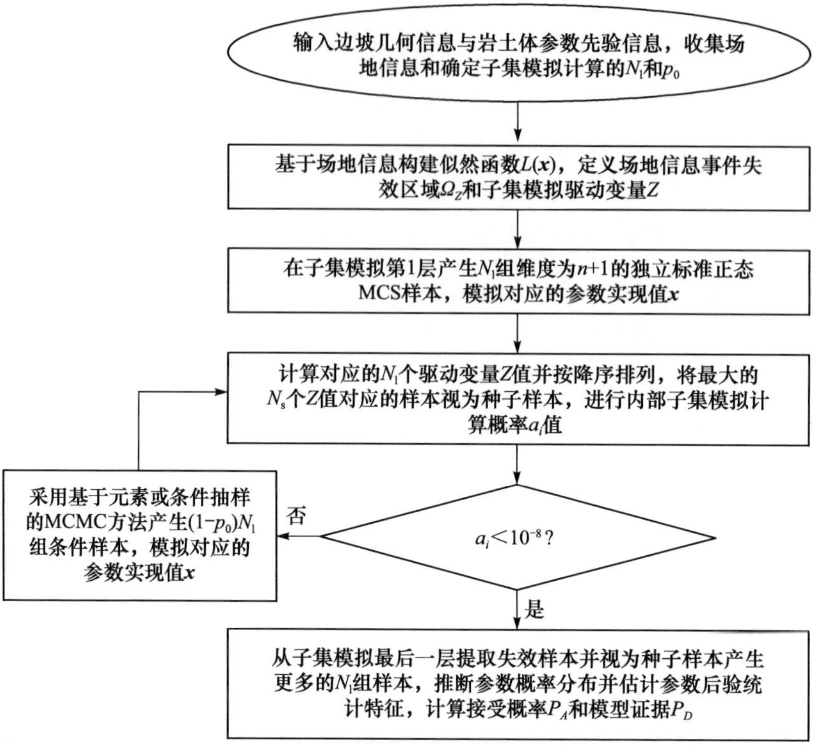

图 2.5 aBUS 方法计算流程图

模拟这$(1-p_0)N_1$组随机样本对应的原始空间参数实现值，计算对应的驱动变量Z值，显然它们均大于b_1。

(3) 将这$(1-p_0)N_1$个Z值与N_s组种子样本对应的Z值放在一起再按照降序排列，同样将第p_0N_1+1个Z值取为阈值b_2，有$P(\Omega_{Z_2}\mid\Omega_{Z_1})=P\{Z>b_2\mid Z>b_1\}=p_0$，进行内部子集模拟计算$a_2$，并判断$a_2$是否小于$10^{-8}$，如果不成立，也提取$Z$值大于$b_2$的$N_s$组随机样本并视为种子样本，并产生另外$(1-p_0)N_1$组条件样本。

(4) 类似地，将步骤(3)重复$m-2$次，依次确定阈值$b_3,b_4,\cdots,b_m$并定义失效区域$\Omega_{Z_3},\Omega_{Z_4},\cdots,\Omega_{Z_m}$，进行内部子集模拟计算$a_3,a_4,\cdots,a_m$，依次判断它们是否小于$10^{-8}$，一旦第$m$层$a_m$值小于0，即抽样空间达到失效区域，有$b_m>b_{\min}$，子集模拟计算终止。

(5) 统计第m层中$Z>b_m$的N_s组失效样本，再将其作为种子样本产生更多的N_1组失效样本，然后基于这N_1组失效样本采用数理统计方法推断岩土体参数概率分布，并计算接受概率$P_A=p_0^m$和模型证据$P_D=e^{b_m}p_0^m$。

上述 BUS 方法和 aBUS 方法计算流程的介绍是以融合单一场地信息为例，可以拓展到基于多源场地信息(试验数据、监测数据和观测信息等)推断岩土体参数后验概率分布并估计其统计特征。针对多源场地信息需要构建对应的多个似然函数，再进行贝叶斯序贯更新。即每增加一种不同来源的场地信息，需建立一个新的似然函数 $L(\boldsymbol{x})$ 及对应的失效区域，进而增加一轮新的子集模拟计算，并将前一次贝叶斯更新计算获得的后验信息作为后一次贝叶斯更新计算的先验信息。

2.6　后验失效概率

2.6.1　基本原理

融合某一特定场地的试验数据、监测数据和观测信息等除了可以推断岩土体参数概率分布并估计其统计特征，还可以在此基础上建立边坡可靠度分析框架计算边坡后验失效概率。如果 $f''_{\boldsymbol{X}}(\boldsymbol{x})$ 的解析表达式已知，便可以直接计算边坡后验失效概率 $P(\Omega_F|\Omega_Z)$ 为

$$P(\Omega_F \mid \Omega_Z)=\int_{\boldsymbol{x}\in\Omega_F} f''_{\boldsymbol{X}}(\boldsymbol{x})\mathrm{d}\boldsymbol{x} \tag{2.65}$$

然而，绝大多数情况下不能获得 $f''_{\boldsymbol{X}}(\boldsymbol{x})$ 的解析解，只能通过数值模拟产生后验样本进而通过统计分析估计近似的 $f''_{\boldsymbol{X}}(\boldsymbol{x})$。可以根据参数先验信息分别计算联合事件发生的概率 $P(\Omega_F \cap \Omega_Z)$ 与场地信息事件发生的概率 $P(\Omega_Z)$，然后将两者相除便可得到 $P(\Omega_F|\Omega_Z)$。根据式(2.51)$P(\Omega_Z)$计算公式，可推导边坡后验失效概率的计算表达式为

$$P(\Omega_F \mid \Omega_Z)=\frac{P(\Omega_F \cap \Omega_Z)}{P(\Omega_Z)}=\frac{\iint_{(\boldsymbol{x},u)\in\{\Omega_F\cap\Omega_Z\}} f(u)f'_{\boldsymbol{X}}(\boldsymbol{x})\mathrm{d}u\mathrm{d}\boldsymbol{x}}{\iint_{(\boldsymbol{x},u)\in\Omega_Z} f(u)f'_{\boldsymbol{X}}(\boldsymbol{x})\mathrm{d}u\mathrm{d}\boldsymbol{x}}$$

$$=\frac{\int_{\boldsymbol{x}_+\in\{\Omega_F\cap\Omega_Z\}} f'(\boldsymbol{x}_+)\mathrm{d}\boldsymbol{x}_+}{\int_{\boldsymbol{x}_+\in\Omega_Z} f'(\boldsymbol{x}_+)\mathrm{d}\boldsymbol{x}_+} \tag{2.66}$$

式中，$f'(\boldsymbol{x}_+)$为 $\boldsymbol{X}_+$ 的先验联合概率密度函数。

式(2.51)中的比例常数 d 和似然函数乘子 c 均恰好被抵消。由于式(2.66)的积分区域比较复杂，边坡后验失效概率需借助直接 MCS 等抽样方

法计算：

$$P(\Omega_F \mid \Omega_Z)=\frac{\sum_{k=1}^{N_{MCS}} I(\boldsymbol{x}^k \in \Omega_F) I[(\boldsymbol{x}^k, u^k) \in \Omega_Z]}{\sum_{k=1}^{N_{MCS}} I[(\boldsymbol{x}^k, u^k) \in \Omega_Z]} \tag{2.67}$$

式中，$I(\cdot)$为指示性函数，如果某一组样本$(\boldsymbol{x}^k, u^k)$位于失效区域 Ω_Z 内，则 $I[(\boldsymbol{x}^k, u^k)\in\Omega_Z]=1$，否则等于 0；$N_{MCS}$为 MCS 抽样次数。

融合场地信息后边坡后验失效概率水平通常较低(如小于 10^{-3})，直接 MCS 方法的计算量非常大。为此，采用子集模拟分别将$\Omega_F\cap\Omega_Z$ 和Ω_Z 视为目标失效区域计算式(2.66)的分子和分母，然后两者相除得到边坡后验失效概率。式(2.66)的分母即是接受概率 P_A，已由式(2.52)或式(2.61)计算得到，直接使用即可。尽管如此，但是联合事件发生的概率 $P(\Omega_F\cap\Omega_Z)$很小，计算量仍然非常可观，因为计算 $P(\Omega_F\cap\Omega_Z)$时需要进行大量的确定性边坡稳定性分析。

为提高计算效率，在推断岩土体参数后验概率分布的子集模拟计算基础上，将边坡失稳区域 Ω_F 视为目标失效区域再进行新一轮子集模拟计算，这样 $P(\Omega_F|\Omega_Z)$计算表达式更新为[12]

$$\begin{aligned} P(\Omega_F \mid \Omega_Z) &= \frac{P(\bigcap_{i=0}^{M} \Omega_{F_i^*})}{P(\Omega_Z)} = \frac{P(\bigcap_{i=1}^{M} \Omega_{F_i^*} \mid \Omega_{F_0^*}) P(\Omega_{F_0^*})}{P(\Omega_Z)} \\ &= P(\bigcap_{i=1}^{M} \Omega_{F_i^*} \mid \Omega_{F_0^*}) = \prod_{i=1}^{M} P(\Omega_{F_i^*} \mid \Omega_{F_{i-1}^*}) \end{aligned} \tag{2.68}$$

式中，$\Omega_{F_0^*}=\Omega_{F_0}\cap\Omega_Z=\Omega_Z$ 和 $\Omega_{F_i^*}=\Omega_{F_i}\cap\Omega_Z(i=1,2,\cdots,M)$为中间失效区域，其中 $\Omega_{F_i}=\{\mathrm{FS}(\boldsymbol{x})-1.0<g_i\}$，$g_i$为阈值；$M$ 为新一轮子集模拟为达到边坡失效区域Ω_F 所需的模拟层数。

类似地，依次确定失效区域 $\Omega_{F_1^*}, \Omega_{F_2^*}, \cdots, \Omega_{F_M^*}$ 及与之对应的阈值 $g_1, g_2, \cdots, g_M$，使得 $P(\Omega_{F_i^*}|\Omega_{F_{i-1}^*})(i=1,2,\cdots,M)$均等于条件概率 p_0，并满足如下关系：$\Omega_{F_1^*}\supset\Omega_{F_2^*}\supset\cdots\supset\Omega_{F_{M-1}^*}\supset\Omega_{F_M^*}$ 和 $g_1>g_2>\cdots>g_{M-1}>0\geqslant g_M$。需要说明的是，新一轮子集模拟驱动变量为 $F=\mathrm{FS}(\boldsymbol{x})-1.0$。

2.6.2 计算流程

以基于 aBUS 方法的边坡可靠度更新评价为例，边坡后验失效概率的计算流程图如图 2.6 所示，步骤如下：

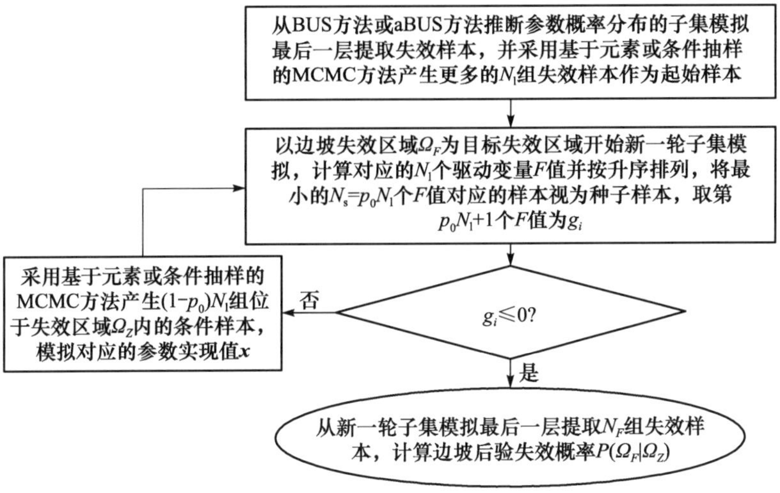

图 2.6　边坡后验失效概率计算流程图

(1) 从 aBUS 方法中子集模拟的最后一层提取 $N_s=p_0N_1$组失效样本，并将其作为种子样本采用基于元素或条件抽样的 MCMC 方法产生 N_1组失效样本，将 N_1组失效样本作为起始样本，边坡失效区域 Ω_F 作为目标失效区域进行新一轮子集模拟计算，模拟 N_1组原始空间参数实现值，并进行边坡稳定性分析计算 N_1个驱动变量 F 值，将 N_1个 F 值按照升序排列，取第 p_0N_1+1 个 F 值为阈值 g_1，这样有 $P(\Omega_{F_1^*}|\Omega_Z)=P(F<g_1|Z>b_m)$等于条件概率 p_0。

(2) 取 F 值小于 g_1 对应的 N_s组样本视为种子样本，产生$(1-p_0)N_1$组条件样本，此处值得注意的是，需确保新产生的任意一组条件样本位于场地信息事件失效区域 Ω_Z 内。再基于条件样本进行边坡稳定性分析，总共可获得 N_1个新的 F 值并按升序排列，显然它们均小于 g_1。类似地，取第 p_0N_1+1 个 F 值为阈值 g_2，有 $P(\Omega_{F_2^*}|\Omega_{F_1^*})=P(F<g_2|F<g_1)=p_0$，提取 F 值小于 g_2 的 N_s组样本并视为种子样本。

(3) 类似地，将步骤(2)重复 $M-2$ 次，依次确定阈值 $g_3,g_4,\cdots,g_M$，并定义失效事件 $F_3^*,F_4^*,\cdots,F_M^*$。假设随机样本抽样空间在第 M 层达到边坡失效区域 F，新一轮的子集模拟计算终止，有 $g_M\leqslant 0$。统计第 M 层中 $F\leqslant 0$ 的失效样本数目，计为 N_F，显然 $N_F\geqslant N_s$，并计算 $P(\Omega_F|\Omega_Z)=p_0^{M-1}N_F/N_1$。

2.7　无限长边坡

以融入直剪试验数据的无限长边坡为例探讨岩土体参数先验信息、似然函数和样本量大小对边坡可靠度更新结果(如参数后验均值、后验标准差和边坡后验失效概率)的影响规律。无限长边坡模型常用于浅层滑坡稳定性评价中,是边坡稳定性分析中一种非常实用的简化模型。对于图 2.7 所示的无限长边坡模型,在忽略孔隙水压的情况下,边坡安全系数 FS 的计算表达式为

$$\mathrm{FS}=\frac{c+\gamma H\cos^2\beta\tan\varphi}{\gamma H\sin\beta\cos\beta} \tag{2.69}$$

式中,H 为潜在滑动面以上土层厚度;β 为边坡倾角;γ 为粉土重度;c 和 φ 分别为潜在滑动面上粉土的有效黏聚力和内摩擦角。由于边坡几何参数的变异性一般较小,H、β 和 γ 可以视为常量,取值分别为 $H=5\mathrm{m}$、$\beta=22°$ 和 $\gamma=19.8\mathrm{kN/m^3}$。

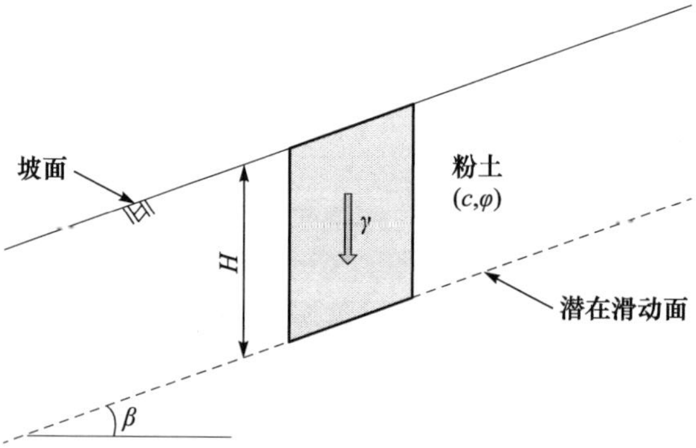

图 2.7　无限长边坡模型

综上可知,式(2.69)中只有 c 和 φ 为不确定性参数,下面采用 Oberguggenberger 和 Fellin[27]提供的无限长边坡周围不同地点处的 20 组粉土直剪试验数据(见表 2.2)更新无限长边坡可靠度。进行每组粉土直剪试验时,均保持剪切速率不变,且有 $c=0$,故边坡可靠度分析中只需考虑粉土 φ 的不确定性,极限状态函数可简化为

$$G(\varphi)=\frac{\tan\varphi}{\tan\beta}-1.0 \tag{2.70}$$

表 2.2　20 组内摩擦角直剪试验数据

序号	内摩擦角 φ/(°)	序号	内摩擦角 φ/(°)	序号	内摩擦角 φ/(°)	序号	内摩擦角 φ/(°)
1	25.6	6	24.0	11	23.2	16	30.0
2	25.5	7	28.5	12	25.0	17	27.0
3	24.0	8	25.3	13	22.0	18	24.4
4	26.0	9	23.4	14	24.0	19	24.3
5	24.1	10	26.51	15	24.9	20	19.5

由文献[28]可知，如果土体参数自相关距离为0，不仅可将土体参数模拟为剧烈变化的随机变量，而且可将参数均值作为特征值进行边坡可靠度分析，即边坡可靠度更新计算时可采用 φ 的均值 μ_φ 代替式(2.70)中的 φ。假设粉土内摩擦角的均值 μ_φ 在25°～31°内变化，这个下限值和上限值分别对应于 μ_φ 的10%和90%分位数，并且 μ_φ 服从正态分布，可得其先验均值 μ'_{μ_φ} 和标准差 σ'_{μ_φ} 分别为28°和2.34°，根据式(2.70)便可解析计算得到无限长边坡先验失效概率为 5.19×10^{-3}。在此基础上，融入内摩擦角直剪试验数据推断 μ_φ 后验概率分布并计算边坡后验失效概率。

其中重要一步是基于内摩擦角直剪试验数据构建似然函数，通常每组数据对应的似然函数与已知 μ_φ 条件下样本 φ_i 发生的概率呈一定的比例关系[28]：

$$L_i(\mu_\varphi)\propto f(\varphi_i\mid\mu_\varphi) \tag{2.71}$$

式中，φ_i 为 φ 的第 i 组直剪试验数据；$f(\varphi)$ 为 φ 的概率密度函数。

在已知 μ_φ 条件下，用 φ_i 代替 $f(\varphi)$ 中的 φ 便可得到似然函数 $L_i(\mu_\varphi)$。假设所有直剪试验都相互独立，即可得到融入直剪试验数据的多维联合概率分布的似然函数为

$$L(\mu_\varphi)=\prod_{i=1}^{n_d} f(\varphi_i\mid\mu_\varphi) \tag{2.72}$$

式中，n_d 为内摩擦角直剪试验样本量。

假设 φ 服从均值为 μ_φ、标准差为 σ_φ 的正态分布，则似然函数为多维联合正态分布：

$$L(\mu_\varphi)=\frac{1}{(\sigma_\varphi\sqrt{2\pi})^{n_d}}\exp\left[-\frac{1}{2}\sum_{i=1}^{n_d}\left(\frac{\varphi_i-\mu_\varphi}{\sigma_\varphi}\right)^2\right] \tag{2.73}$$

类似地，当 μ_φ 服从对数正态分布、贝塔分布和极值Ⅰ型分布时，根据取 μ_φ 的10%和90%分位数分别为25°和31°，可得 μ_φ 的先验均值 μ'_{μ_φ} 和标准差 σ'_{μ_φ} 如表2.3所示，相应地，似然函数分别为多维联合对数正态分布、多维联合贝塔分布和多维联合极值Ⅰ型分布。需要说明的是，贝塔分布的下限 a 和上限 b 分别取参数均值减去和加上10倍的标准差。

表2.3　4种概率分布的先验均值与标准差及 $\sigma_\varphi=3°$ 时后验均值与标准差

分布函数类型	μ'_{μ_φ}/(°)	σ'_{μ_φ}/(°)	μ''_{μ_φ}/(°)	σ''_{μ_φ}/(°)
正态分布	28.00	2.34	26.07	1.35
对数正态分布	27.94	2.35	26.04	1.30
贝塔分布	28.00	7.78	25.11	1.65
极值Ⅰ型分布	27.75	2.50	26.00	1.14

为探讨参数先验概率分布对边坡可靠度更新的影响，分别采用正态分布、对数正态分布、贝塔分布和极值Ⅰ型分布表征 μ_φ 的不确定性，其中似然函数取多维联合正态分布。需要说明的是，仅当 μ_φ 服从正态分布时，μ_φ 的后验均值和后验标准差有解析解，除此之外没有解析解，本章采用 aBUS 方法数值计算 μ_φ 的后验均值和后验标准差以及边坡后验失效概率，其中子集模拟每层样本数目 N_1 和条件概率 p_0 分别取 2000 和 0.1，并且重复进行 10 次独立的子集模拟计算取平均值。采用 aBUS 方法基于表 2.2 中前 3 组试验数据计算 $\sigma_\varphi=3°$ 时 μ_φ 的后验均值 μ''_{μ_φ} 和标准差 σ''_{μ_φ} 列入表 2.3 中。与先验均值和先验标准差相比，经贝叶斯更新后的均值和标准差都有所降低，尤其对于贝塔分布，μ_φ 的后验标准差 $\sigma''_{\mu_\varphi}=1.65$ 明显小于先验标准差 $\sigma'_{\mu_\varphi}=7.78$。图 2.8 比较了 μ_φ 先验概率分布（正态分布）、似然函数和后验概率分布。由图可知，后验概率分布有效反映了先验概率分布和似然函数（试验数据）的联合作用。此外，由 aBUS 方法计算得到 μ_φ 的后验概率分布与后验概率分布解析解非常吻合，表明 aBUS 方法可以准确推断岩土体参数后验概率分布。

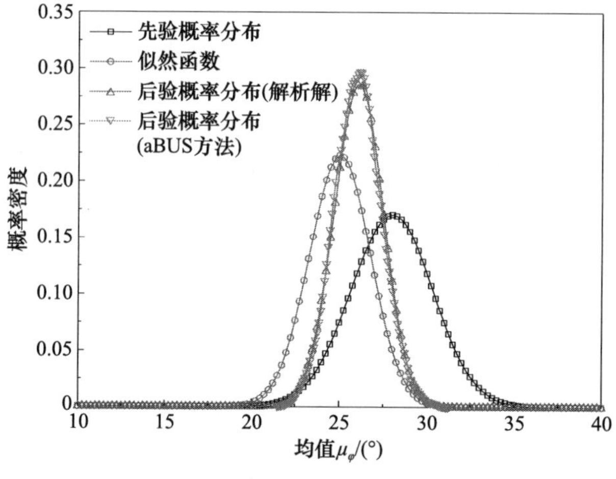

图 2.8　μ_φ 先验概率分布、似然函数和后验概率分布的比较

图 2.9 给出了 μ_φ 先验概率分布对边坡后验失效概率的影响。由图可知，参数先验概率分布对边坡后验失效概率具有重要的影响。由贝塔分布得到的边坡后验失效概率最大，由极值Ⅰ型分布得到的边坡后验失效概率最小，由正态分布和对数正态分布得到的边坡后验失效概率居中并且相差较小。可见，由不同概率分布获得的最大和最小边坡后验失效概率相差 3

个数量级以上。基于贝塔分布和极值Ⅰ型分布获得的边坡可靠度更新结果分别偏于保守和危险,常用的正态分布和对数正态分布的边坡可靠度更新结果居中,因此在工程勘查与可行性设计阶段要尽可能准确地确定岩土体参数的先验概率分布。

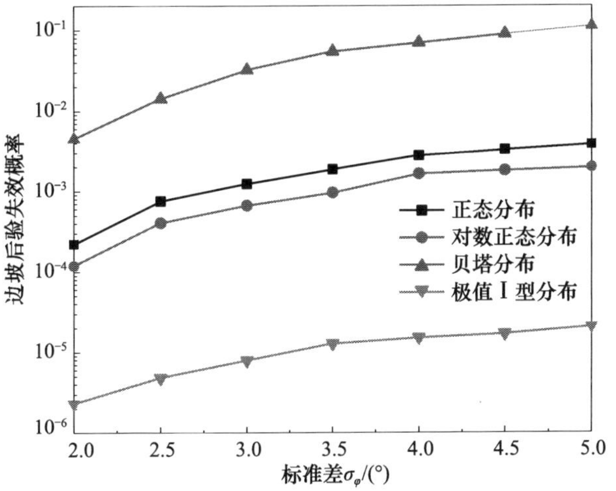

图 2.9　μ_φ 先验概率分布对边坡后验失效概率的影响

为了说明似然函数对边坡可靠度更新的影响,下面考虑两类先验信息:

(1) 信息化较强的先验信息,假如 μ_φ 服从正态分布,先验均值和先验标准差分别为 28°和 2.34°,如表 2.3 所示。

(2) 信息化较弱的先验信息,假设 μ_φ 服从均匀分布,μ_φ 的变化范围根据文献[27]可取[20°,32°],μ_φ 的先验均值和先验标准差分别为 26°和 3.46°。

当内摩擦角 φ 分别服从正态分布、对数正态分布、贝塔分布和极值Ⅰ型分布时,对应的似然函数分别为多维联合正态分布、多维联合对数正态分布、多维联合贝塔分布和多维联合极值Ⅰ型分布。同样,当且仅当 μ_φ 服从正态分布且似然函数为多维联合正态分布时后验均值和后验标准差才有解析解,除此之外,后验均值和后验标准差只能通过数值求解。图 2.10 给出了先验概率分布分别为正态分布和均匀分布时似然函数对边坡后验失效概率的影响。由图可知,似然函数对边坡可靠度更新也有一定的影响,但是与先验概率分布对边坡可靠度更新的影响相比,其影响程度相对较小。似然函数为三维联合正态分布和三维联合贝塔分布时计算的边坡后验失效概率最大,并且相互间差别较小。似然函数为三维联合极值Ⅰ型分布时计算的边坡后验失效概率最小,似然函数为三维联合对数正态分布时计算的边坡后验失效概率居中。此外，基于这四种不同似然函数计算的边坡后验失效概率之间的差别随着 σ_φ 的增加而增大，最大相差接近 1 个数量级。

图 2.10(a)中的边坡后验失效概率总体要比图 2.10(b)小 1 个数量级以上，说明对参数先验信息掌握的准确程度也会影响边坡可靠度更新结果，对参数先验信息掌握得越详细、全面，则对参数统计特征估计得越准确，贝叶斯更新过程中越能降低对参数不确定性的估计，从而得到的边坡后验失效概率越低。与信息化较强的先验信息相比，信息化较弱的先验信息条件下似然

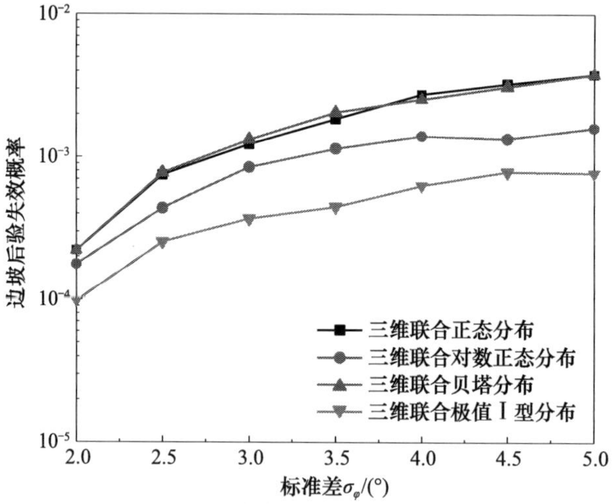

(a) 先验概率分布为正态分布

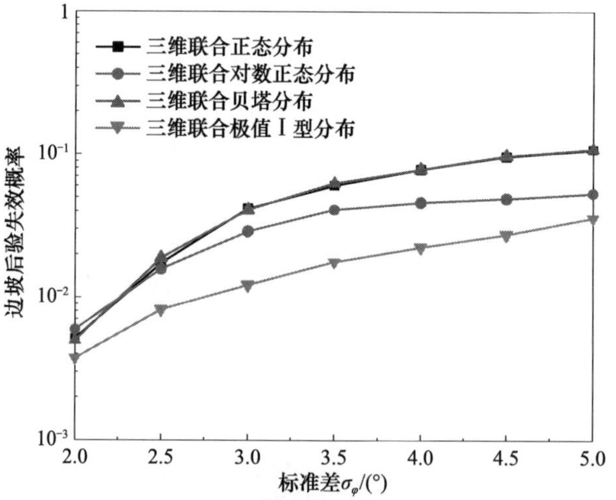

(b) 先验概率分布为均匀分布

图 2.10　似然函数对边坡后验失效概率的影响

函数对边坡可靠度更新的影响相对要小。表明信息化较弱的先验信息条件下可适当放松对似然函数的选择要求，尽可能选择与先验概率分布构成共轭关系的似然函数，以简化对参数后验统计特征的估计和边坡后验失效概率的计算，进而减小数值模拟所带来的截断误差，保证计算结果的可靠性。

要获得某一特定场地大量的试验数据、监测数据和观测信息等，通常需要投入大量的人力和物力，为节省工程投资成本，在满足工程安全设计的前提下尽可能只开展一些代表性的试验。这样可能会引发如下问题：①到底需要进行多少组代表性的试验才可满足工程安全设计要求；②试验样本量对参数后验统计特征(如均值和标准差)的估计有着怎样的影响。为回答以上问题，下面将进一步探讨试验样本量对边坡可靠度更新的影响。

表 2.4 比较了 $\sigma_\varphi=3°$ 时基于不同试验样本量计算得到的后验均值、后验标准差和边坡后验失效概率，并与数值积分计算的精确解进行了比较。由表可知，随着试验样本量的增加，μ''_{μ_φ} 和 σ''_{μ_φ} 均有所减小，边坡后验失效概率也有一定程度的降低。当试验样本量由 1 组增加至 5 组时，μ''_{μ_φ} 和 σ''_{μ_φ} 分别由 27.10°和 1.81°减小至 25.77°和 1.14°，$P(\Omega_F|\Omega_Z)$ 由 2.65×10^{-3} 降低至 5.12×10^{-4}。表明试验样本量越大，对特定场地信息掌握得越详细，则对岩土体参数统计特征估计得越准确，进而可提高边坡可靠度水平。另外，aBUS 方法计算结果(后验均值、后验标准差和边坡后验失效概率)与精确解非常吻合，进一步验证了 aBUS 方法的有效性。

表 2.4　$\sigma_\varphi=3°$ 时后验均值、后验标准差和边坡后验失效概率的比较

试验数据	计算方法	μ''_{μ_φ}/(°)	σ''_{μ_φ}/(°)	$P(\Omega_F\|\Omega_Z)$
表 2.2 中第 1 组	aBUS 方法	27.10	1.81	2.65×10^{-3}
	精确解	27.09	1.85	2.9×10^{-3}
表 2.2 中前 3 组	aBUS 方法	26.07	1.35	1.23×10^{-3}
	精确解	26.08	1.39	1.68×10^{-3}
表 2.2 中前 5 组	aBUS 方法	25.77	1.14	5.12×10^{-4}
	精确解	25.77	1.16	5.97×10^{-4}

图 2.11 进一步给出了基于不同试验样本量计算的边坡后验失效概率随 σ_φ 的变化关系曲线。由图可知，当 σ_φ 较小时，试验样本量越大，通过贝叶斯更新越能降低对岩土体参数总的不确定性的估计，进而边坡失效概率降低得越明显，相应的边坡可靠度水平越高。但是当试验样本量增加到一定程度时，边坡后验失效概率趋于收敛，差别较小。如图 2.11 中当 $\sigma_\varphi=2°$ 时

基于表 2.2 中的前 7 组和前 9 组内摩擦角直剪试验数据计算的边坡后验失效概率水平不仅非常低(小于 10^{-6}),而且相互间差别不大。换言之,为节省工程造价,此时只进行 7 次代表性粉土直剪试验即可。另外,本章所研究的内摩擦角变异系数为 0.07～0.2,这与《岩土工程勘察规范》(GB 50021—2001)[29]中提到"当变异系数小于 0.3 时所需试验次数为 6"的结论吻合。需要指出的是,随着边坡后验失效概率水平的进一步降低(如小于 10^{-6}),aBUS 方法的计算精度可能不够,为保证计算精度,需增加子集模拟每层样本数目 N_l 或进行更多次独立的子集模拟计算取平均值。

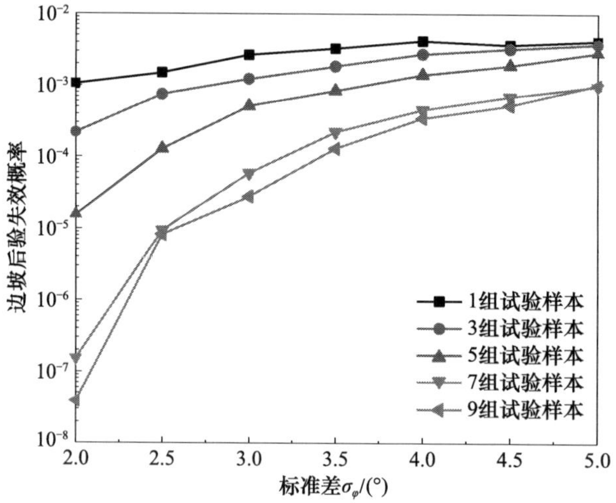

图 2.11　试验样本量对边坡后验失效概率的影响

2.8　本章小结

本章从岩土体参数先验信息、似然函数和后验概率分布这三方面介绍了岩土工程贝叶斯更新基本理论,简要阐述了子集模拟、拒绝抽样程序及 BUS 方法的计算原理与流程,在此基础上发展了 aBUS 方法。主要结论如下:

(1) 发展的 aBUS 方法与 BUS 方法类似,均通过构建一个场地信息事件失效区域将一个复杂的贝叶斯更新问题转换为等效的结构可靠度问题,然后将岩土体参数先验信息作为输入采用子集模拟求解,其中采用基于元素或条件抽样的 MCMC 方法产生条件样本。然而,aBUS 方法通过巧妙地调整子集模拟驱动变量形式,建立定量的子集模拟自适应计算终止条件,有效避免了 BUS 方法需要提前计算似然函数乘子的不足。

(2) 发展的 aBUS 方法可以基于试验数据、监测数据及现场观测信息等多源场地信息有效推断岩土体参数概率分布并估计参数后验统计特征(均值、标准差等),在此基础上以边坡失稳为目标失效区域进行新一轮子集模拟计算边坡后验失效概率,从而为解决考虑岩土体参数空间变异性的边坡参数概率反演及可靠度更新难题提供了一条有效的途径。

(3) 当岩土体参数先验概率分布和似然函数存在共轭关系时,后验概率分布有解析解,采用 aBUS 方法推断的参数后验概率分布与解析解非常吻合。当参数先验概率分布和似然函数不存在共轭关系时,同样可以采用 aBUS 方法有效推断参数后验概率分布并估计其后验统计特征。

(4) 岩土体参数先验概率分布对边坡可靠度更新具有重要的影响。基于贝塔分布和极值Ⅰ型分布获得的边坡可靠度更新结果分别偏于保守和危险,基于常用的正态分布和对数正态分布获得的边坡可靠度更新结果居中,因此在边坡工程勘查与可行性设计阶段需要尽可能准确地确定岩土体参数先验概率分布。

(5) 与岩土体参数先验概率分布对边坡可靠度更新的影响相比,似然函数对边坡可靠度更新的影响相对较小。与信息化较强的先验信息条件下似然函数对边坡后验失效概率的影响相比,信息化较弱的先验信息条件下似然函数的影响相对较小。此外,试验样本量越大,通过贝叶斯更新越能降低对岩土体参数总的不确定性的估计,相应的边坡可靠度水平越高。然而,当试验样本量增大到一定程度时,其对边坡可靠度更新的影响不大。

本章发展的 aBUS 方法虽然有效避免了 BUS 方法提前计算似然函数乘子的不足,能快速求解考虑参数空间变异性的边坡参数概率反演及可靠度更新问题,但是该方法需要将外部每层子集模拟的阈值作为输入,进行内部子集模拟来定量判断计算是否收敛,在一定程度上增加了计算量,以后需要借助代理模型等方法来提高其计算效率。

参考文献

[1] Straub D, Papaioannou I. Bayesian updating with structural reliability methods[J]. Journal of Engineering Mechanics, 2015, 141(3): 04014134.

[2] Straub D, Papaioannou I. Bayesian analysis for learning and updating geotechnical

parameters and models with measurements[M]//Phoon K K, Ching J Y. Chapter 5 in Risk and Reliability in Geotechnical Engineering. Boca Raton: CRC Press, 2014:221-264.

[3] Ang A H S, Tang W H. Probability Concepts in Engineering: Emphasis on Applications to Civil and Environmental Engineering[M]. 2nd ed. New York: John Wiley & Sons, 2007.

[4] Cao Z J, Wang Y, Li D Q. Quantification of prior knowledge in geotechnical site characterization[J]. Engineering Geology, 2016, 203:107-116.

[5] Freni G, Mannina G. Bayesian approach for uncertainty quantification in water quality modelling: The influence of prior distribution[J]. Journal of Hydrology, 2010, 392(1): 31-39.

[6] 张继周,缪林昌. 岩土体参数概率分布类型及其选择标准[J]. 岩石力学与工程学报,2009,28(增2):3526-3532.

[7] Cao Z J, Wang Y, Li D Q. Site-specific characterization of soil properties using multiple measurements from different test procedures at different locations—A Bayesian sequential updating approach[J]. Engineering Geology, 2016, 211:150-161.

[8] Phoon K K, Kulhawy F H. Characterization of geotechnical variability[J]. Canadian Geotechnical Journal, 1999, 36(4):612-624.

[9] Phoon K K, Kulhawy F H. Evaluation of geotechnical property variability[J]. Canadian Geotechnical Journal, 1999, 36(4):625-639.

[10] El-Ramly H, Morgenstern N R, Cruden D M. Probabilistic slope stability analysis for practice[J]. Canadian Geotechnical Journal, 2002, 39(3):665-683.

[11] Degroot D J, Baecher G B. Estimating autocovariance of in-situ soil properties[J]. Journal of Geotechnical Engineering, 1993, 119(1):147-166.

[12] Straub D, Papaioannou I, Betz W. Bayesian analysis of rare events[J]. Journal of Computational Physics, 2016, 314:538-556.

[13] Li X Y, Zhang L M, Li J H. Using conditioned random field to characterize the variability of geologic profiles[J]. Journal of Geotechnical and Geoenvironmental Engineering, 2016, 142(4):04015096.

[14] Zhang L L, Zhang J, Zhang L M, et al. Back analysis of slope failure with Markov chain Monte Carlo simulation[J]. Computers and Geotechnics, 2010, 37(7):905-912.

[15] Ching J, Wang J S. Application of the transitional Markov chain Monte Carlo algorithm to probabilistic site characterization[J]. Engineering Geology, 2016, 203: 151-167.

[16] Au S K, Beck J L. Estimation of small failure probabilities in high dimensions by

subset simulation. Probabilistic Engineering Mechanics,2001,16(4):263-277.

[17] Zuev K M,Beck J L,Au S K,et al. Bayesian post-processor and other enhancements of Subset Simulation for estimating failure probabilities in high dimensions [J]. Computers and Structures,2012,92-93:283-296.

[18] Au S K,Wang Y. Engineering Risk Assessment with Subset Simulation[M]. New York:John Wiley & Sons,2014.

[19] Metropolis N,Rosenbluth A W,Rosenbluth M N,et al. Equations of state calculations by fast computing machines[J]. The Journal of Chemical Physics,1953,21(6):1087-1092.

[20] Hastings W K. Monte Carlo sampling methods using Markov chains and their applications[J]. Biometricka,1970,57:97-109.

[21] Papaioannou I,Betz W,Zwirglmaier K,et al. MCMC algorithms for Subset Simulation[J]. Probabilistic Engineering Mechanics,2015,41:89-103.

[22] Blatman G,Sudret B. An adaptive algorithm to build up sparse polynomial chaos expansions for stochastic finite element analysis[J]. Probabilistic Engineering Mechanics,2010,25(2):183-197.

[23] 李典庆,蒋水华. 边坡可靠度非侵入式随机分析方法[M]. 北京:科学出版社,2016.

[24] Straub D. Reliability updating with equality information[J]. Probabilistic Engineering Mechanics,2011,26(2):254-258.

[25] DiazDelao F A,Garbuno-Inigo A,Au S K,et al. Bayesian updating and model class selection with Subset Simulation[J]. Computer Methods in Applied Mechanics and Engineering,2017,317:1102-1121.

[26] Betz W,Papaioannou I,Beck J L,et al. Bayesian inference with subset simulation: Strategies and improvements[J]. Computer Methods in Applied Mechanics and Engineering,2018,331:72-93.

[27] Oberguggenberger M,Fellin W. From probability to fuzzy sets:The struggle for meaning in geotechnical risk assessment[C]//Proceedings of the International Conference on Probabilistic in Geotechnics:Technical and Economic Risk Estimation,Essen,2002:29-38.

[28] Papaioannou I,Straub D. Learning soil parameters and updating geotechnical reliability estimates under spatial variability- theory and application to shallow foundations[J]. Georisk,2017,11(1):116-128.

[29] 中华人民共和国建设部. 岩土工程勘察规范(GB 50021—2001)[S]. 北京:中国建筑工业出版社,2004.

第3章 岩土体参数先验非平稳随机场模型及应用

岩土体参数先验信息对贝叶斯更新结果具有重要的影响。目前岩土可靠度分析中通常采用平稳或准平稳随机场模型表征岩土体参数固有的空间变异性，然而大量现场试验数据表明，岩土体参数(如不排水抗剪强度参数、内摩擦角等)沿埋深常呈现明显的非平稳分布特征，即其均值和标准差以及自相关结构均随埋深发生变化，因此需要发展岩土体参数先验非平稳随机场模型及模拟方法。本章建立可表征不排水抗剪强度参数随埋深增加特性的先验非平稳随机场模型，推导参数非平稳随机场均值及标准差计算表达式，同时将所建立的模型与现有非平稳随机场模型及平稳随机场模型进行系统比较。最后以不排水饱和黏土边坡为例验证所建立模型的有效性，并揭示参数非平稳分布特征对边坡可靠度的影响规律。研究表明，所建立的模型能够单独模拟岩土体参数趋势分量和随机波动分量的不确定性，较好地表征参数均值和标准差随埋深变化的非平稳分布特性，为合理模拟岩土体参数非平稳分布特征提供了一条有效的途径。

3.1 引　言

岩土体受内部物质组成、应力环境、沉积条件、风化程度和埋藏条件等因素的影响，土性特征表现出明显的空间变异性。另外，不同埋深处的岩土体由于经历不同的地质、环境和化学作用，相应的岩土体参数呈现沿埋深变化的趋势。例如，受应力水平、固结过程、人工开挖扰动和地下水位季节性波动等因素的影响，其中应力水平一般因岩土体自重作用随深度逐渐增加，岩土体参数沿深度方向存在一定的不均匀性。目前大量研究表明，岩土体参数固有的空间变异性对边坡可靠度具有重要的影响，然而其中绝大多数边坡可靠度研究均采用平稳或准平稳随机场表征土体参数的空间变异性，即假设岩土体参数的均值、标准差沿埋深保持不变，参数空间自相关性只取决于两点间的相对距离而与其绝对位置无关。这对于受侧限、上覆压力和应力历史影响不明显的参数来说，上述做法基本可行，然而大量现场和室内相关试验数据证实岩土体参数沿埋深通常呈现明显的非平稳分布特征。

受侧限、上覆压力和应力历史等影响明显的岩土体参数如不排水抗剪强度参数、内摩擦角和压缩模量等均值和标准差存在沿埋深方向变化的趋势，甚至一些参数的自相关结构也随埋深发生变化[1]。Lumb[1]的统计表明，香港海相黏土和伦敦黏土不排水抗剪强度参数的均值和标准差都存在随埋深线性增加的趋势。Asaoka 和 Grivas[2]、DeGroot 和 Baecher[3]以及 Chiasson 等[4]均发现，不排水抗剪强度参数现场 VST 数据沿埋深方向存在明显的线性变化趋势。Jaksa 等[5]、Cafaro 和 Cherubini[6]分别调查发现，澳大利亚南部某城市典型地层和意大利塔兰托地区典型地层剖面黏土层的锥尖阻力沿埋深不仅存在线性变化的趋势，一部分黏土层甚至还存在二次型变化的趋势。Lloret-Cabot 等[7]、Chenari 和 Farahbakhsh[8]以及林军等[9]调查发现，加拿大波弗特海人工岛砂芯、伊朗乌尔米耶湖场地黏土和我国江苏海相黏土的锥尖阻力沿深度方向同样呈现明显的线性变化趋势。Kulatilake 和 Um[10]估计美国得克萨斯大学国家岩土工程黏土试验场锥尖阻力的自相关距离时指出，考虑锥尖阻力沿埋深方向全局线性增加的趋势可获得更准确的统计结果。可见，忽略岩土体参数均值和标准差随埋深的变化趋势将不能客观地表征岩土体参数固有的空间变异性，在边坡可靠度分析中必须考虑岩土体参数非平稳分布特征的影响。

目前国内外学者逐步认识到了岩土体参数沿埋深方向非平稳分布特征的重要性及其对岩土结构可靠度的影响，并在这方面进行了一些有益的探索。Hicks 和 Samy[11]研究了不排水抗剪强度参数随埋深线性增加条件下的不排水黏性土坡稳定性问题。Srivastava 和 Sivakumar-Babu[12]采用可反映土体参数线性变化趋势的非平稳随机场模型模拟黏聚力和内摩擦角的空间变异性，在此基础上分析了条形地基承载力和边坡稳定可靠度。Wu 等[13]采用非平稳随机场模拟不排水抗剪强度参数空间变异性对深基坑开挖稳定可靠度的影响。Li 等[14]研究了考虑不排水抗剪强度参数随埋深线性增加的无限长边坡可靠度问题。祁小辉等[15]探讨了考虑不排水抗剪强度参数非平稳分布特征的条形地基极限承载力问题。Griffiths 等[16]采用随机有限元法分析了考虑不排水抗剪强度参数均值和标准差沿埋深线性增加的边坡可靠度问题。

尽管目前在这方面已取得了一定的研究进展，但是仍然存在以下不足：首先，岩土体参数一般包括趋势分量和随机波动分量两部分，大多数研究只考虑了随机波动分量不确定性而忽略了趋势分量不确定性。受有限统计样本量、试验偏差、土体相对密度和有效应力等因素的影响，趋势分量同样存在一定的不确定性[17~19]，如果只考虑随机波动分量不确定性而忽略趋势分量不确定性，则会导致对岩土体参数变异性的不准确估计；其次，虽然部分研究通过去趋势分析方法将对非平稳随机场的模拟转换为对某一参数平稳随机场的模拟[14,15]，间接考虑了趋势分量不确定性，但是一旦该参数的变异性取值较小，就会明显低估岩土体参数的空间变异性；最后，大多岩土体参数非平稳随机场研究局限于模拟参数沿埋深方向的一维空间变异性，众所周知，岩土体参数不仅沿垂直(埋深)方向存在空间变异性，而且沿水平方向也存在空间变异性[11]，因此需要发展土体参数二维及三维非平稳随机场模拟方法。

针对以上问题，本章建立可表征土体不排水抗剪强度参数随埋深增加特性的先验非平稳随机场模型，该模型能够单独模拟趋势分量和随机波动分量的不确定性，并将该模型与现有非平稳随机场模型和平稳随机场模型进行系统比较。在此基础上，推导参数非平稳随机场均值及标准差的计算表达式，给出土体参数二维非平稳随机场模拟方法的计算流程，并通过不排水饱和黏土边坡算例验证所建立模型的有效性，揭示岩土体参数非平稳分布特征对边坡可靠度的影响。

3.2 先验非平稳随机场模型

目前大多采用随机场理论或地质统计学中区域化变量理论模拟岩土体参数空间变异性。对于单层均质土体，本书假定岩土体参数随机场遵循平稳或者准平稳条件，即土体参数统计特征(均值和方差等)不随空间位置的不同而变化，空间任意两点间的自相关性只与它们之间的相对距离有关，而与它们的绝对位置无关。相比之下，对于多层土体，当参数自相关距离小于各层土体厚度时，假定在同一土层内土体参数随机场遵循平稳或者准平稳假定，不同土层中任意两点间的空间自相关性为零。

3.2.1 非平稳随机场模拟方法

一般来说，岩土体参数的空间变异性由趋势分量和随机波动分量两部分组成[3,6,12,17]，不同埋深处的岩土体参数 $\xi(z)$ 可以表示为

$$\xi(z)=t(z)+w(z) \tag{3.1}$$

式中，z 为地面以下土体埋深；$t(z)$ 为趋势分量函数，可视为岩土体参数在埋

深 z 处的均值；$w(z)$为随机波动分量函数，一般视为均值为 0、标准差为某一数值的统计均质平稳随机场，即 $w(z)$的均值和标准差不随埋深变化。

岩土体参数的趋势分量与土体物质组成、沉积条件和固结过程等有关[2]，如对于正常固结黏土层，趋势分量由零开始随埋深逐渐增加；对于高度超固结黏土层，趋势分量由某一固定值沿埋深保持不变；对于土层较厚的超固结黏土层，趋势分量由某一固定值随埋深逐渐增加。尽管岩土体参数沿埋深方向可能存在非线性变化的趋势，但是为了尽可能与原始岩土体参数试验数据保持一致，岩土体参数趋势分量一般选用较为简单的线性函数[18]。本章以超固结黏土层不排水抗剪强度参数为例，研究参数趋势分量随埋深线性变化的情况。不排水抗剪强度参数 s_u 由某一固定值 s_{u0} 随埋深线性增加[14,15]，其计算表达式为

$$s_u(x,z)=s_{u0}+t\sigma'_v=s_{u0}+t\gamma z \tag{3.2}$$

式中，s_{u0}为地面处的不排水抗剪强度参数，对于正常固结土层或微超固结黏土层，其取值接近于 0，对于超固结黏土层，其取值较大；t 为不排水抗剪强度参数随埋深增加的速率，可视为 s_u 线性趋势分量 s_u/σ'_v的参数，可模拟为统计均质平稳对数正态随机场，并假设参数 t 的波动范围与 s_u 的波动范围近似相等；σ'_v为垂直有效应力，$\sigma'_v=\gamma z$，γ 为土体重度。

为简便计，将这个模型称为模型 1。沿埋深 z 方向 s_u 的均值和标准差可表示为[14,15]

$$\begin{cases}\mu_{s_u}(z)=s_{u0}+\gamma z\mu_t \\ \sigma_{s_u}(z)=\gamma z\sigma_t\end{cases} \tag{3.3}$$

式中，μ_t、σ_t 分别表示趋势分量参数 t 的均值和标准差。

Li 等[14]将 s_{u0}和 γ 均视为常量，一般来讲，将 γ 视为常量可以接受，因为土体重度的变异系数通常小于 0.1[20]。然而，由于受到降雨、蒸发、植被覆盖以及地面交通的影响，s_{u0}存在一定的不确定性，需要合理考虑[16]。为此，本章对模型 1 进行改进，将 s_{u0}模拟为对数正态随机变量以考虑其不确定性，这个改进的模型称为模型 2。假如 s_{u0}和 t 相互独立，沿埋深 z 方向 s_u 的均值和标准差可推导为

$$\begin{cases}\mu_{s_u}(z)=\mu_{s_{u0}}+\gamma z\mu_t \\ \sigma_{s_u}(z)=\sqrt{\sigma_{s_{u0}}^2+\gamma^2z^2\sigma_t^2}\end{cases} \tag{3.4}$$

式中，$\mu_{s_{u0}}$、$\sigma_{s_{u0}}$ 分别为 s_{u0}的均值和标准差。

此外，Griffiths 等[16]采用去趋势分析方法，首先将 s_{u0} 模拟为均值为 $\mu_{s_{u0}}$、标准差为 $\sigma_{s_{u0}}$ 的对数正态平稳随机场，在此基础上考虑 s_u 随埋深线性变化趋势分量的影响，获得 s_u 的二维非平稳随机场为

$$s_u(x,z)=s_{u0}\frac{\mu_{s_{u0}}+t\gamma z}{\mu_{s_{u0}}} \tag{3.5}$$

根据式(3.5)，可推导得到 s_u 沿埋深 z 方向的均值和标准差分别为

$$\begin{cases}\mu_{s_u}(z)=\mu_{s_{u0}}+t\gamma z\\ \sigma_{s_u}(z)=\mathrm{COV}_{s_{u0}}(\mu_{s_{u0}}+t\gamma z)\end{cases} \tag{3.6}$$

可见由该模型获得的 s_u 均值和标准差均随埋深的增加而增大，但是 s_u 的变异系数沿埋深保持不变，并且等于 s_{u0} 的变异系数 $\mathrm{COV}_{s_{u0}}$，本章将该模型称为模型 3。同样，模型 3 忽略了趋势分量参数 t 的不确定性也不合理，因为如前所述[17,18]，t 也存在一定的不确定性。为此，本章对模型 3 进行改进，将 t 模拟为对数正态随机变量以考虑其不确定性，并将这个改进的模型称为模型 4。同样假设 s_{u0} 和 t 相互独立，s_u 沿埋深 z 方向的均值和标准差可推导为

$$\begin{cases}\mu_{s_u}(z)=\mu_{s_{u0}}+\gamma z\mu_t\\ \sigma_{s_u}(z)=\sqrt{\sigma_{s_{u0}}^2+\gamma^2z^2[(\mu_t^2+\sigma_t^2)\mathrm{COV}_{s_{u0}}^2+\sigma_t^2]}\end{cases} \tag{3.7}$$

综上可见，模型 1～4 可以考虑 s_u 的均值和标准差随埋深的增加而增大的特性，s_u 的变异系数也是埋深 z 的非线性函数，变化规律将在 3.3 节中详细讨论。模型 1～4 均通过去趋势分析方法将对非平稳随机场的模拟转换到对某一参数(s_{u0} 和 t)平稳随机场的模拟，都可以考虑 s_u 的均值和标准差随埋深增加而增大的这一非平稳分布特征，虽然它们在某种程度上解决了非平稳随机场模拟的难题，但是它们将 s_u 的趋势分量和随机波动分量的不确定性模拟糅合在一起，不能有效地表征岩土体参数随机波动分量在趋势分量两侧随机波动的内在本质。为此，本章建立一种新的不排水抗剪强度参数先验非平稳随机场模型。首先将式(3.2)中不排水抗剪强度参数表示为 t 和 $q(z)$ 的乘积形式，即

$$\frac{s_u(z)-s_{u0}}{\sigma_v'}=tq(z) \tag{3.8}$$

式中，$q(z)$ 为均值为 1、变异系数为 δ 的一维平稳对数正态随机场[13]，其中 δ 为 $[s_u(z)-s_{u0}]/\sigma_v'$ 的变异系数。

取 $w(z)=\ln[q(z)]$，式(3.8)便可转换为类似于式(3.1)参数趋势分量

与随机波动分量相加的形式，即

$$\ln\frac{s_{\mathrm{u}}(z)-s_{\mathrm{u0}}}{\sigma_{\mathrm{v}}'}=\ln t+\ln[q(z)]=\ln t+w(z) \tag{3.9}$$

式中，s_{u0}为均值为 $\mu_{s_{\mathrm{u0}}}$、标准差为 $\sigma_{s_{\mathrm{u0}}}$ 的对数正态随机变量；t 为均值为 μ_t、标准差为 σ_t 的对数正态随机变量；随机波动分量 $w(z)$ 为均值为 $\mu_w=0$、标准差为 σ_w 的平稳正态随机场。

通过上述变换，所建立的模型(为简化计，本章称为模型5)能够有效地单独模拟岩土体参数趋势分量和随机波动分量的不确定性，进而得到 s_{u} 的二维非平稳随机场计算表达式为

$$s_{\mathrm{u}}(x,z)=s_{\mathrm{u0}}+t\sigma_{\mathrm{v}}'\exp[w(x,z)]=s_{\mathrm{u0}}+t\gamma z\exp[w(x,z)] \tag{3.10}$$

显然，模型5通过增加一个随机变量，就可以同时模拟 s_{u} 的趋势分量和波动分量的不确定性。在此基础上，忽略 s_{u0}、t 和 $w(x,z)$之间的相关性，也可获得 s_{u} 的均值和标准差随埋深 z 的变化关系分别为

$$\begin{cases}\mu_{s_{\mathrm{u}}}(z)=\mu_{s_{\mathrm{u0}}}+\gamma z\mu_t\\ \sigma_{s_{\mathrm{u}}}(z)=\sqrt{\sigma_{s_{\mathrm{u0}}}^2+\gamma^2z^2\{(\mu_t^2+\sigma_t^2)[\exp(\sigma_w^2)-1]+\sigma_t^2\}}\end{cases} \tag{3.11}$$

可见，模型5同样能够考虑 s_{u} 的均值和标准差随埋深增加而增大的特性。需要指出的是，由式(3.3)、式(3.4)、式(3.6)、式(3.7)和式(3.11)获得的5个模型 s_{u} 均值随埋深的变化规律相同。需要指出的是，尽管 s_{u} 沿埋深会呈现非线性变化趋势[6,18,19]，但是以上非平稳随机场模型只考虑了 s_{u} 随埋深的线性变化趋势，这种做法与 Baecher 和 Christian[21]得出的结论吻合，即在不违背试验数据和不忽略地质构造的前提下，岩土体参数变化趋势尽可能选择简单的函数。根据以上5个模型，可将对 s_{u} 非平稳随机场的模拟转换到对某一参数[s_{u0}、t 或 $w(x,z)$]平稳对数正态或正态随机场以及对某一参数(s_{u0}或 t)对数正态随机变量的模拟。模拟对数正态随机变量非常简单，而模拟平稳随机场可以采用基于乔列斯基分解的中点法、Karhunen-Loève 级数展开方法和局部平均法。以上5个非平稳随机场模型及参数不确定性的详细模拟方法如表3.1所示。这5个模型的主要差别为：模型1和3在表征 s_{u} 非平稳分布特征时，仅将一个特定的模型参数(t 或 s_{u0})模拟为平稳对数正态随机场，模型2和4除此之外还将另外一个参数(s_{u0}或 t)模拟为对数正态随机变量。相比之下，模型5不仅用一个对数正态随机变量和一个均值为0的平稳正态随机场分别模拟 s_{u} 的趋势分量和波动分量的不确定性，而且将 s_{u0}模拟为一个对数正态随机变量。

表 3.1　5 个非平稳随机场模型的描述

模型	函数	参数	参数模拟	参数统计特征	来源
1	$s_u(x,z)=s_{u0}+t\gamma z$	s_{u0}	常数	$s_{u0}=14.669\text{kPa}$	Li 等[14]
		t	平稳对数正态随机场	$\mu_t=0.3,\sigma_t=0.09$ ($\lambda_h=38\text{m},\lambda_v=3.8\text{m}$)	
2	$s_u(x,z)=s_{u0}+t\gamma z$	s_{u0}	对数正态随机变量	$\mu_{s_{u0}}=14.669\text{kPa}$, $\sigma_{s_{u0}}=4.041\text{kPa}$	基于 Li 等[14]的改进
		t	平稳对数正态随机场	$\mu_t=0.3,\sigma_t=0.09$ ($\lambda_h=38\text{m},\lambda_v=3.8\text{m}$)	
3	$s_u(x,z)=s_{u0}\dfrac{\mu_{s_{u0}}+t\gamma z}{\mu_{s_{u0}}}$	s_{u0}	平稳对数正态随机场	$\mu_{s_{u0}}=14.669\text{kPa}$, $\sigma_{s_{u0}}=4.041\text{kPa}$ ($\lambda_h=38\text{m},\lambda_v=3.8\text{m}$)	Griffiths 等[16]
		t	常数	$t=0.3$	
4	$s_u(x,z)=s_{u0}\dfrac{\mu_{s_{u0}}+t\gamma z}{\mu_{s_{u0}}}$	s_{u0}	平稳对数正态随机场	$\mu_{s_{u0}}=14.669\text{kPa}$, $\sigma_{s_{u0}}=4.041\text{kPa}$ ($\lambda_h=38\text{m},\lambda_v=3.8\text{m}$)	基于 Griffiths 等[16]的改进
		t	对数正态随机变量	$\mu_t=0.3,\sigma_t=0.09$	
5	$s_u(x,z)=s_{u0}+t\gamma z\exp[w(x,z)]$	s_{u0}	对数正态随机变量	$\mu_{s_{u0}}=14.669\text{kPa}$, $\sigma_{s_{u0}}=4.041\text{kPa}$	本书
		t	对数正态随机变量	$\mu_t=0.3,\sigma_t=0.09$	
		$w(x,z)$	平稳正态随机场	$\mu_w=0,\sigma_w=0.24$ ($\lambda_h=38\text{m},\lambda_v=3.8\text{m}$)	

3.2.2　模型参数取值

在少量现场及室内试验数据条件下，为了尽可能准确地模拟超固结黏土层不排水抗剪强度参数的非平稳分布规律，下面详细探讨先验非平稳随机场模型参数的取值问题。由文献[22]可知，软、硬和很硬塑性无机黏土层的不固结黏聚力分别在 10～20kPa、20～50kPa 和 50～100kPa 变化。以软塑性无机黏土层为例，采用对数正态分布模拟 s_{u0} 的不确定性，并将对应的下限值 10kPa 和上限值 20kPa 分别取为 s_{u0} 的 10%和 90%分位数，据此可以得到 s_{u0} 的均值和标准差分别为 $\mu_{s_{u0}}=14.669\text{kPa}$ 和 $\sigma_{s_{u0}}=4.041\text{kPa}$。

与岩土体参数随机波动分量一样，受有限统计样本及试验设备、边界条件与土体扰动等引起的试验偏差的影响，趋势分量通常也不是一个常数，其参数同样存在一定的不确定性[17~19]，这种不确定性一般随着统计样本量的增大和试验偏差的减小而降低。理论上来说，趋势分量参数 t 的统计特征（如均值和标准差等）应利用现场试验数据通过最大似然估计和最小二乘回归分析等方法统计分析得到[2,3,6,18]，但是这一过程通常需要投入大量的人力物力获得足够多的试验数据。为了便于分析，本章对相关文献中关于参数 t 的均值、变异系数和分布类型等进行了系统的统计，统计结果如表 3.2 所示。根据表 3.2 可以大致确定参数 t 的均值、变异系数和概率分布类型，其中参数 t 的均值和变异系数的变化范围分别为 0.075～5.05 和 0.178～0.6，本章取 t 的均值和变异系数分别为 $\mu_t=0.3$，$COV_t=0.3$。

表 3.2　趋势分量参数 t 的统计特征

概率分布类型	均值	变异系数	垂直波动范围/m	来源
—	0.075～0.125	0.178～0.302	2.42～6.22	Asaoka 和 Grivas[2]
对数正态分布	0.22	0.3	0.5～10	Wu 等[13]
对数正态分布	0.1～0.8	0.4	0.25～10	Li 等[14]
对数正态分布	0.9	0.6	1.77～17.72	祁小辉等[15]
均匀分布	5.05 [0.1,10]	0.566	—	Ching 和 Wang[19]

注：中括号内数据表示参数 t 的取值范围。

最后需要确定随机波动分量 $w(x,z)$ 的统计参数，岩土统计分析中一般首先采用最小二乘回归分析等方法将现场试验数据的趋势分量去掉[6,7,9,10,12]，然后根据试验数据的残余值调查岩土体参数固有的空间变异性并分析参数的均值、标准差和波动范围等统计特征，可见岩土体参数固有的空间变异性主要体现在随机波动分量中。通常将 $w(x,z)$ 模拟为均值为 0、标准差为 σ_w 的平稳正态随机场[23]，由于 $w(x,z)=\ln[q(x,z)]$，$w(x,z)$ 的方差 $\sigma_w=\sqrt{\ln(\delta^2+1)}\approx\delta$，其中 δ 为 $[s_u(z)-s_{u0}]/\sigma'_v$ 的变异系数，也就是不排水抗剪强度参数去趋势分量后固有的变异性。Phoon 和 Kulhawy[23] 统计得出由 VST 获得的不排水抗剪强度参数固有的变异系数 δ 的变化范围为

0.04～0.44，均值为0.24。此外，还需要确定表征参数随机场的另一重要参数即波动范围，根据Phoon和Kulhawy[23]的统计结果可知，由VST获得的不排水抗剪强度参数的垂直波动范围λ_v为3.8m，而有关水平波动范围λ_h的试验数据一般较少[7]，通常λ_h约取为λ_v的10倍[11,23]，故下面模拟$w(x,z)$的二维空间变异性时取水平波动范围为λ_h＝38m、垂直波动范围为λ_v＝3.8m。

3.2.3 非平稳随机场模拟流程

以不排水抗剪强度参数先验非平稳随机场模型5为例，简要介绍岩土体参数二维非平稳随机场模拟方法的计算流程。

(1) 确定先验非平稳随机场模型参数s_{u0}、t和$w(x,z)$的统计特征，包括均值、标准差、分布类型、自相关函数和波动范围等。

(2) 进行二维随机场单元网格离散，需要保证随机场单元尺寸满足计算精度要求，否则应考虑单元局部平均效应，并从中提取每个随机场单元的中心点坐标。

(3) 随机产生一组$n+2$维独立标准正态样本点，n为随机场单元数目，根据前n维样本点和每个随机场单元的中心点坐标模拟得到$w(x,z)$平稳正态随机场实现值。

(4) 采用后2维样本点分别模拟对数正态随机变量s_{u0}和t的实现值。

(5) 将随机场$w(x,z)$的实现值以及随机变量s_{u0}和b的实现值分别代入式(3.10)，便可得到二维非平稳随机场$s_u(x,z)$的一次典型实现值，且恰好与随机场单元网格一一对应。

(6) 将步骤(3)～(5)重复N次，获得非平稳随机场$s_u(x,z)$的N次实现值。

可见，上述岩土体参数非平稳随机场模拟方法有效实现了对岩土体参数趋势分量和随机波动分量不确定性的单独模拟，将前者模拟为对数正态随机变量，后者模拟为平稳正态随机场。其中平稳正态随机场仍采用常用的随机场离散方法(如基于乔列斯基分解的中点法、Karhunen-Loève级数展开方法和局部平均法)进行模拟。

3.3 不排水饱和黏土边坡

以不排水饱和黏土边坡为例来验证所建立的非平稳随机场模型(模型

5)的有效性，进而揭示岩土体参数非平稳分布特征对边坡可靠度的影响。Wang 等[24]和 Li 等[25]均对该边坡稳定性进行了可靠度分析，但没有考虑岩土体参数非平稳分布特征的影响。边坡计算模型如图 3.1 所示，坡高为 10m，坡度为 1∶2，土体重度视为常量，取 $\gamma_{sat}=20kN/m^3$。将不排水抗剪强度参数 s_u 模拟为均值为 40kPa、变异系数为 0.25 的对数正态平稳随机场。取 s_u 的均值采用基于圆弧滑动面的简化毕肖普法计算得到边坡安全系数为 1.182，与 Wang 等[24]和 Li 等[25]采用简化毕肖普法分别计算得到的 1.178 和 1.18 非常吻合，自动搜索的最危险滑动面如图 3.1 中虚线所示。可见该统计均质黏土边坡的失效模式与坡高无关，沿坡底发生深层失稳破坏。需要说明的是，对于旋转失效模式占优的边坡稳定性问题，采用圆弧滑动面可满足实际工程要求[26]，因为基于任意曲线滑动面方法获得的土坡临界滑动面通常与圆弧滑动面接近[27]。

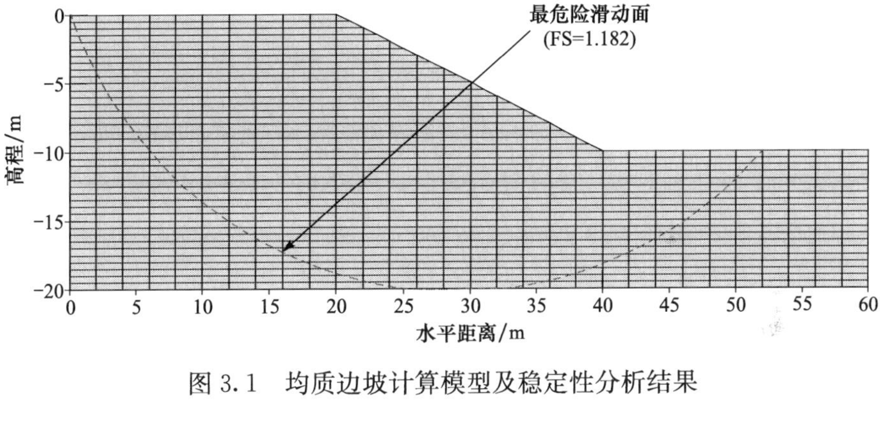

图 3.1　均质边坡计算模型及稳定性分析结果

3.3.1　边坡可靠度分析

为描述 s_u 沿埋深方向的非平稳分布特征，即 s_u 的均值和标准差随埋深增加而增大的特性，5 个非平稳随机场模型参数的统计特征如表 3.1 所示。表 3.1 中之所以采用对数正态分布表征参数的不确定性，是因为这样可保证由式(3.2)、式(3.5)和式(3.10)获得的二维非平稳随机场 $s_u(x,z)$的实现值沿埋深和水平方向任意变化时均不会出现负值。Wang 等[24]和 Li 等[25]采用指数型自相关函数仅考虑了 s_u 沿埋深方向的一维空间变异性，为较好地模拟 s_u 的空间自相关性，采用二维指数型自相关函数，其计算表达式为

$$\rho(q_i,q_j)=\exp\left[-2\left(\frac{|x_i-x_j|}{\lambda_h}+\frac{|z_i-z_j|}{\lambda_v}\right)\right] \tag{3.12}$$

式中，λ_h、λ_v 分别为水平波动范围和垂直波动范围；$q_i=(x_i,z_i)$和 $q_j=(x_j,z_j)$分别为二维空间任意两点坐标。

将参数随机场共剖分为 910 个水平尺寸和垂直尺寸分别为 $l_x=2.0$m 和 $l_z=0.5$m 的四边形和三角形混合单元，如图 3.1 所示。der Kiureghian 和 Ke[28]研究得出，当采用指数型自相关函数时，如果每个方向上随机场单元尺寸不超过对应方向波动范围的 25%，则表明所选择的随机场单元尺寸可以满足计算精度要求。显然，就该算例而言，随机场单元水平尺寸与水平波动范围的比值为 $l_x/\lambda_h=2/38=0.053$，随机场单元垂直尺寸与垂直波动范围的比值为 $l_z/\lambda_v=0.5/3.8=0.132$，可以满足计算精度要求。

将 5 个模型中所有参数都取其均值，由式(3.3)、式(3.4)、式(3.6)、式(3.7)或式(3.11)可得到随埋深变化的 s_u 均值 $\mu_{s_u}(z)=14.669+6z$，将 μ_{s_u} 自坡顶按照埋深大小依次赋给边坡稳定性模型，如图 3.2 所示，然后采用简化毕肖普法进行确定性边坡稳定性分析。由图可知，s_u 均值 μ_{s_u} 由高程 0.25m 处的 16.17kPa 增加至高程 19.75m 处的 133.17kPa，通过边坡稳定性分析计算的边坡安全系数为 1.413，自动搜索的最危险滑动面如图 3.2 虚线所示。与图 3.1 相比，考虑 μ_{s_u} 沿埋深线性增加获得的边坡安全系数不仅明显大于统计均质边坡(FS=1.182)，而且边坡失效模式与统计均质边坡也存在明显的差别。考虑 μ_{s_u} 随埋深变化的边坡失效模式与 μ_t 有关，研究表明，当 μ_t 较小时($\mu_t<0.05$)，边坡失效模式从深层失稳破坏(见图 3.1)逐渐过渡到沿坡趾的浅层失稳破坏(见图 3.2)；当 μ_t 较大时($\mu_t\geqslant 0.05$)，边坡失效模式主要表现为沿坡趾的浅层失稳破坏，如图 3.3 所示。本例 $\mu_t=0.3$，故边坡

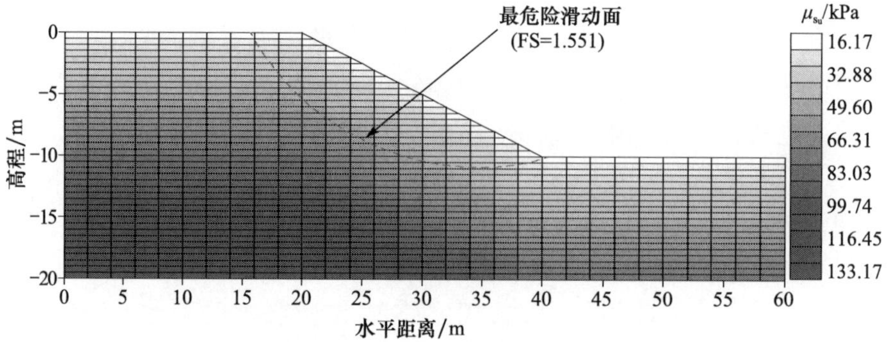

图 3.2 考虑 s_u 均值线性增加的边坡稳定性分析结果

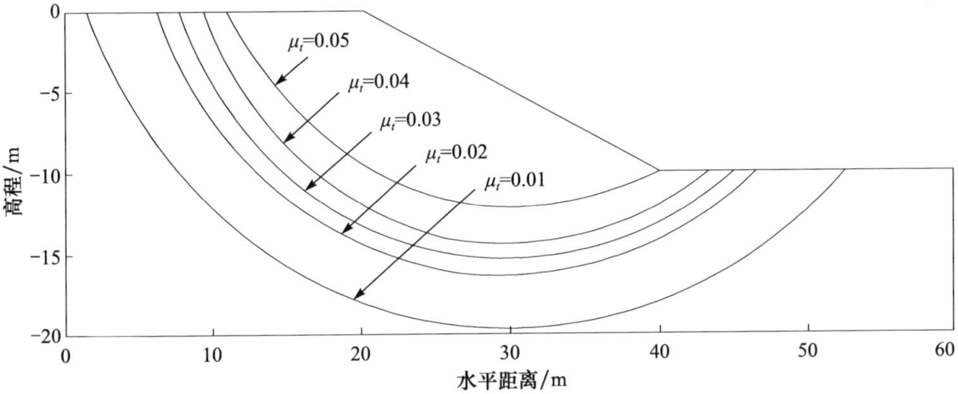

图 3.3　边坡最危险滑动面位置随 μ_t 的变化关系

失效模式为沿坡趾的浅层失稳破坏，这与 Griffiths 等[16]得出的结论一致。此时边坡失效模式不受边坡边界条件的约束，与实际情况更为吻合，相比之下，统计均质黏土边坡为深层失稳破坏模式，受边坡边界条件的影响，在工程实际中一般较为少见。

为了进一步说明以上 5 个非平稳随机场模型描述土体参数非平稳分布特征的有效性，图 3.4 给出了由这 5 个模型计算的 s_u 标准差 σ_{s_u} 和变异系数 COV_{s_u} 随埋深的变化关系。由图 3.4(a)可知，这 5 个模型得到的 σ_{s_u} 均沿埋深近似线性增加。由图 3.4(b)可知，由模型 1 得到的 COV_{s_u} 随埋深逐渐增加，由模型 3 得到的 COV_{s_u} 随埋深保持不变，等于 $COV_{s_{u0}}$；相比之下，由模型 2、4 和 5 得到的 COV_{s_u} 随埋深先减小后增大。这是因为坡顶容易受到降雨、降雪、蒸发、植被条件以及交通等因素的影响，坡顶表层岩土体参数的变异性较大，而离坡顶表层较深处岩土体参数的变异性主要受应力环境、沉积条件、风化程度和固结过程等因素的影响，超固结岩土体参数的变异性一般随着埋深的增加而增大[14,15]。从这点来看，模型 2、4 和 5 能够更加准确地表征岩土体参数的非平稳分布特征，并且由模型 4 和 5 获得的 σ_{s_u} 和 COV_{s_u} 非常接近，这是因为模型 4 和 5 对不确定性模型参数的表征方法基本相同，如表 3.3 所示。另外，当埋深足够大($z=-\infty$)时，由模型 1～5 估计得到的 COV_{s_u} 将分别趋近于 $COV_t=0.3$、$COV_t=0.3$、$COV_{s_{u0}}=0.275$、$\sqrt{(1+COV_t^2)COV_{s_{u0}}^2+COV_t^2}=0.416$ 和 $\sqrt{(1+COV_t^2)[\exp(\sigma_w^2)-1]+COV_t^2}=0.393$。

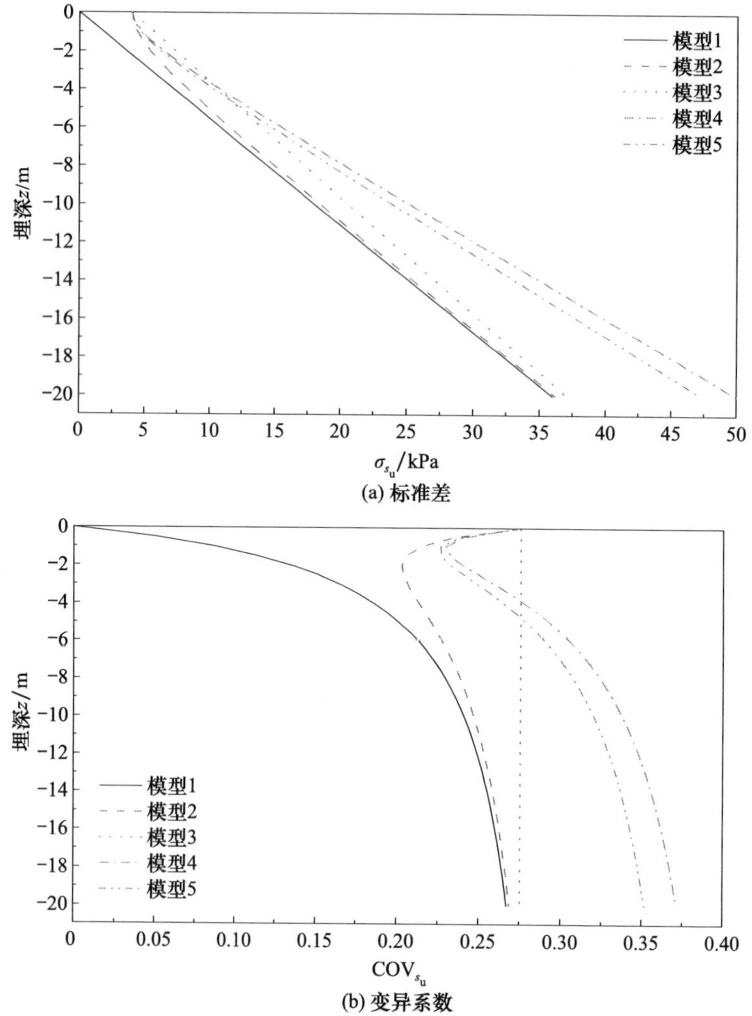

图 3.4　s_u 标准差和变异系数随埋深的变化关系

根据表 3.1 对 5 个模型总结的参数统计特征，采用 3.2.3 节提出的二维非平稳随机场模拟方法便可获得 s_u 随机场的实现值，其中平稳正态随机场 $w(x,z)$ 的离散采用基于乔列斯基分解的中点法[21]。

为了对这 5 个模型进行更直观的比较，图 3.5 比较了基于以上 5 个模型获得 s_u 随机场的五次典型实现值沿埋深方向（对应图 3.1 中水平距离 $x=19$m 处）的变化规律。可以看出，由这 5 种模型获得的 μ_{s_u} 相同且均随着埋深的增加而增大，通过观察随机场实现值沿埋深方向的变化趋势可以发现，σ_{s_u} 同样沿埋深增加，从这一点来说，这 5 个模型均可有效描述 s_u 的非平稳分布特征。模型1由于没有考虑趋势分量(即参数 t)的不确定性,对应的 s_u 实现值趋势分量始终保持不变,导致埋深较浅处的随机场实现值变化幅度较小,而模型2～5的变化幅度相对较大。此外,相比于由模型1～4获得的随机场实现值大多分布在 μ_{s_u} 的右侧,由模型5获得的随机场实现值较均匀地在 μ_{s_u} 两侧随机波动,这是因为模型5单独模拟了 s_u 趋势分量和随机波动分量的不确定性。这与工程实际吻合,即岩土体参数通常围绕趋势分量均匀地波动[23],说明了模型5比模型1～4能够更好地描述 s_u 的非平稳分布特征。

表3.3　非平稳随机场模型4和模型5的对比

模型	函数	参数	不确定性参数的模拟	不确定性参数统计特征
4	$s_u(x,z)=s_{u0}+t\gamma z\dfrac{s_{u0}}{\mu_{s_{u0}}}$	s_{u0}	平稳对数正态随机场	$\mu_{s_{u0}}=14.669\text{kPa}$, $\text{COV}_{s_{u0}}=0.275$
		t	对数正态随机变量	$\mu_t=0.3$, $\text{COV}_t=0.3$
		$W\left(=\dfrac{s_{u0}}{\mu_{s_{u0}}}\right)$	平稳对数正态随机场	$\mu_W=1.0$, $\text{COV}_W=0.275$
5	$s_u(x,z)=s_{u0}+t\gamma z\exp[w(x,z)]$	s_{u0}	对数正态随机变量	$\mu_{s_{u0}}=14.669\text{kPa}$, $\text{COV}_{s_{u0}}=0.275$
		t	对数正态随机变量	$\mu_t=0.3$, $\text{COV}_t=0.3$
		$W(=\exp[w(x,z)])$	平稳对数正态随机场	$\text{Median}_W=1.0$, $\text{COV}_W=0.24$

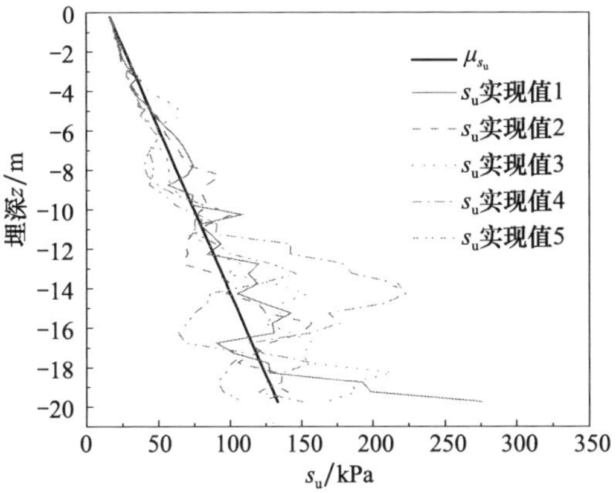

(a) 模型1

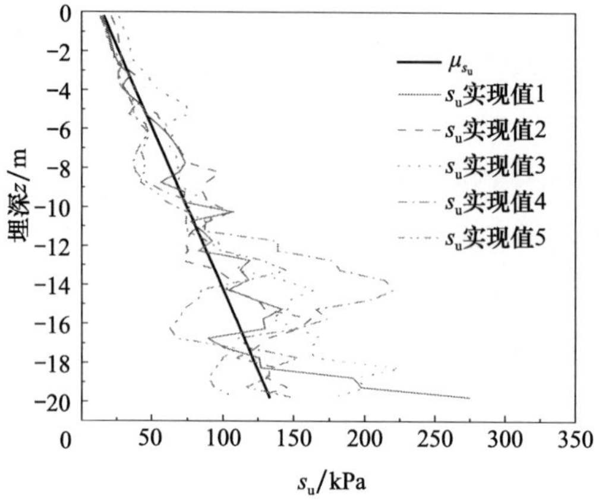

(b) 模型2

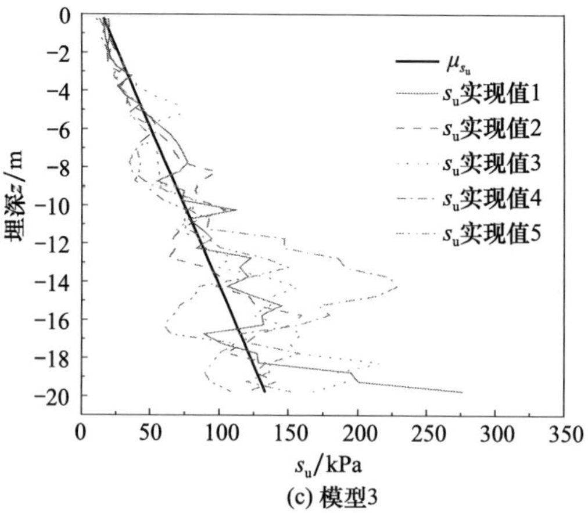

(c) 模型3

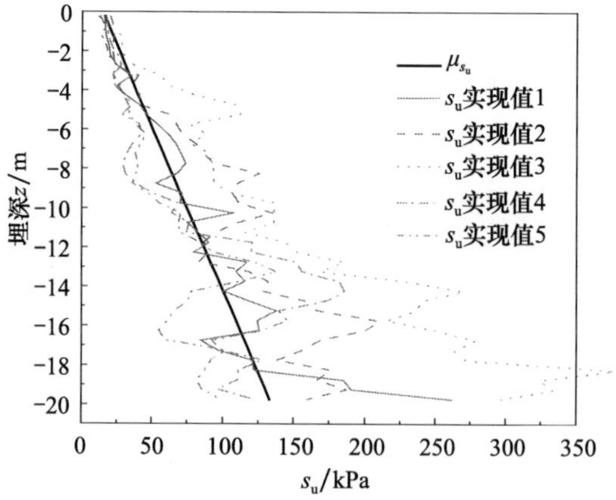

(d) 模型4

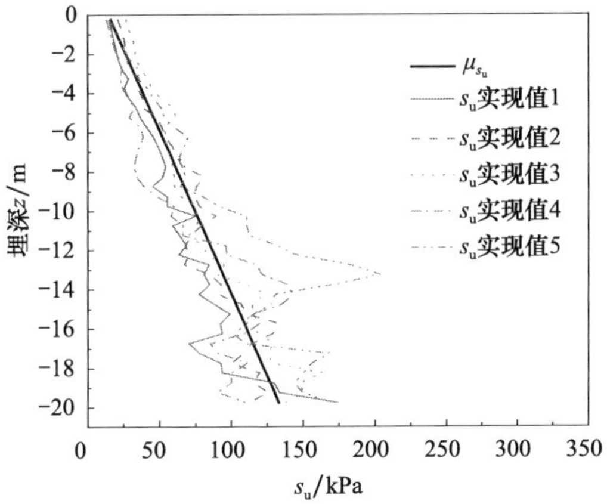

(e) 模型5

图 3.5　s_u 随机场的 5 次典型实现值沿埋深方向($x=19$m)的变化规律

将模拟的随机场实现值赋给对应的边坡随机场单元网格，这样便可将 s_u 的非平稳分布特征融入边坡可靠度分析中。将图 3.5 中由 5 个模型生成的二维非平稳随机场 $s_u(x,z)$的一次典型实现值分别赋给对应的边坡随机场单元网格，如图 3.6 所示，图中颜色较深部分表示 s_u 值较大区域，颜色较浅部分表示 s_u 值较小区域。由图可知，岩土体强度沿埋深逐渐增加，尽管由上述 5 个模型获得的$s_u(x,z)$沿整个边坡剖面的分布规律几乎一致，但是 s_u 的数值存在一定的差别，这当然也就导致不同的边坡安全系数、不同的最危险滑动面位置以及最终不同的边坡失效概率。例如，采用简化毕肖普法进行边坡稳定性分析计算的边坡安全系数分别为 2.252、2.225、2.244、2.148 和 1.727，如图 3.6 所示。再基于 20 次独立的子集模拟(每层样本数目 $N_l=1000$，条件概率 $p_0=0.1$)求平均得到的边坡失效概率分别为 1.0×10^{-6}、2.91×10^{-3}、5.28×10^{-3}、6.6×10^{-2}和 3.58×10^{-2}。

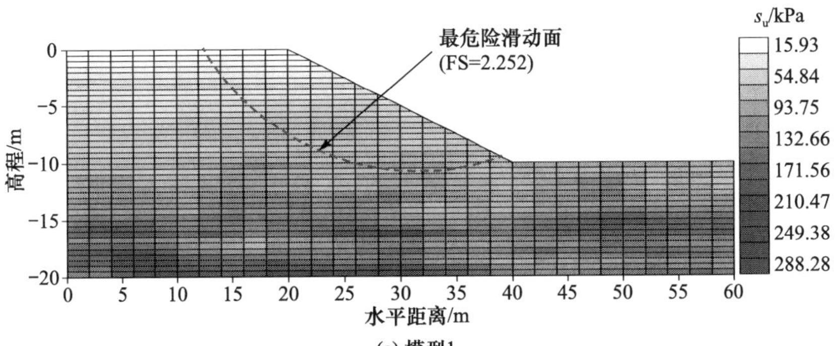

(a) 模型1

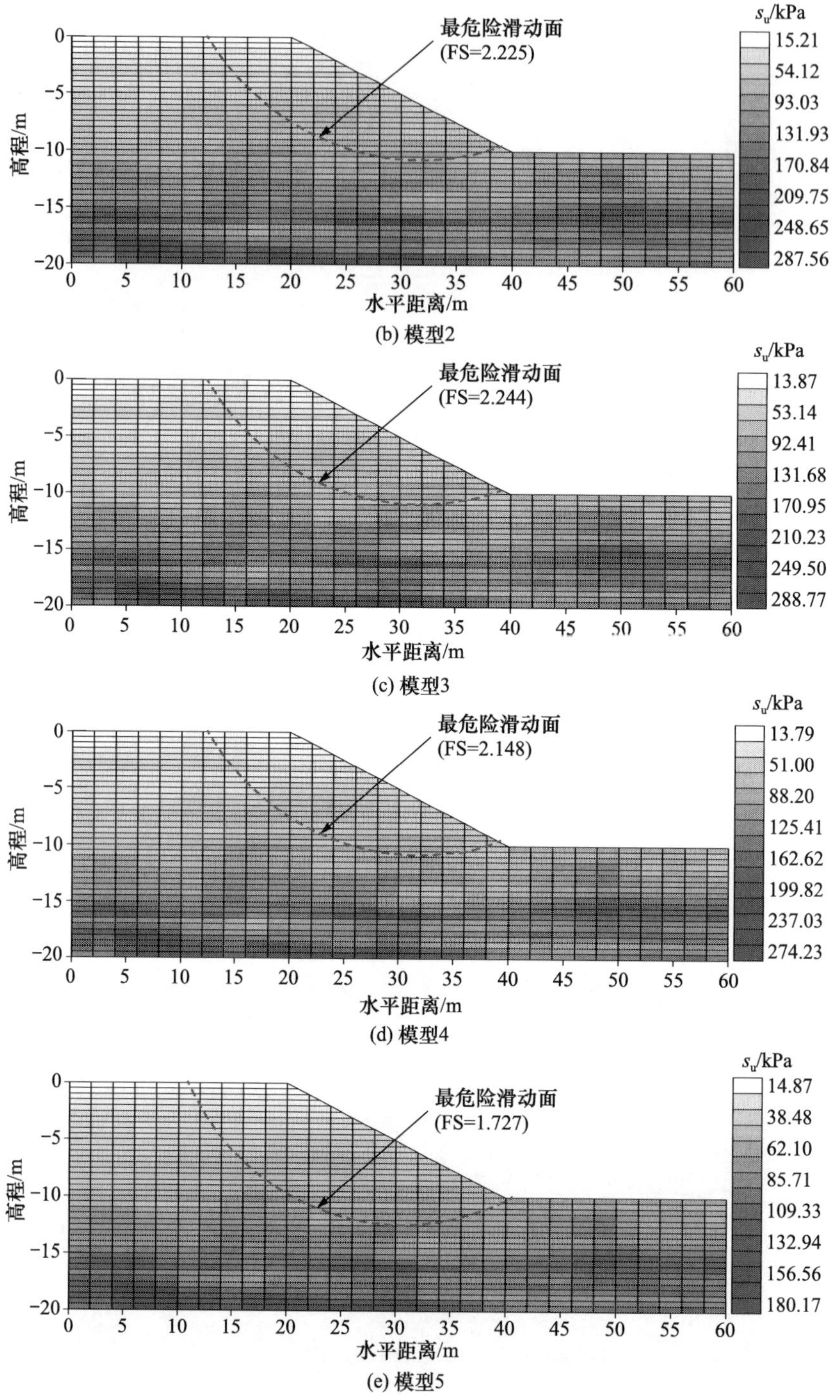

图 3.6　s_u 随机场一次典型实现值及边坡稳定性分析结果

3.3.2　参数敏感性分析

s_u趋势分量的不确定性对边坡可靠度具有重要的影响，甚至会掩盖s_u随机波动分量的不确定性对边坡可靠度的影响。其中s_u趋势分量的不确定性主要取决于参数t的大小及其变异性，为说明参数t对边坡可靠度的影响，图3.7(a)和(b)分别给出了边坡失效概率随t的均值μ_t和变异系数COV_t的变化关系。由图3.7可知，由模型4和5计算的边坡失效概率非常接近。μ_t和COV_t对由模型1计算的边坡失效概率的影响远大于对由模型2～5计算的边坡失效概率的影响。这主要是由于模型1只通过表征单一参数t的不确定性为平稳对数正态随机场来模拟s_u的空间变异性。由图3.7(a)可知，当μ_t较小时，基于5个模型计算的边坡失效概率基本相同，随着μ_t的增加，由这5个模型计算的边坡失效概率的差别逐渐增大。

由图3.7(b)可知，模型3由于忽略了s_u趋势分量(参数t)不确定性，由其得到的边坡失效概率不受COV_t的影响，由其余4个模型计算的边坡失效概率的差别随着COV_t的减小而急剧增大。例如，当$COV_t=0.1$时，由模型1和2计算得到的边坡失效概率与由模型4和5计算得到的边坡失效概率之间相差3个数量级以上。这是因为模型1和2主要通过表征参数t的不确定性来同时模拟s_u趋势分量和随机波动分量的不确定性，一旦参数t的变异性较小便会明显低估s_u固有的空间变异性，相比之下，模型5因单独模拟s_u趋势分量和随机波动分量的不确定性，即使参数t的变异性较小，s_u固有的空间变异性仍可通过随机波动分量的不确定性来体现，进一步说明了模型5的有效性。

为了探讨s_{u0}对边坡可靠度的影响，图3.8给出了边坡失效概率随s_{u0}变异系数$COV_{s_{u0}}$的变化关系。由图可知，$COV_{s_{u0}}$对由模型2～4计算的边坡失效概率影响非常大，而对由模型5计算的边坡失效概率影响较小，对由模型1计算的边坡失效概率没有影响。其原因与图3.7(b)类似，因为模型1中没有考虑s_{u0}不确定性的影响，而模型3主要通过表征单一参数s_{u0}的不确定性来同时模拟s_u趋势分量和随机波动分量的不确定性，一旦$COV_{s_{u0}}$取值较小便会明显低估s_u固有的空间变异性。相比之下，即使COV_t和$COV_{s_{u0}}$取值较小，模型5也能较好地模拟s_u固有的空间变异性，主要是因为该模型还单独对随机波动分量$w(x,z)$的不确定性进行了合理表征。这进一步证明了Li等[14]和Griffiths等[16]提出的非平稳随机场模型对s_u空间变异性的表征依赖于对单一模型参数(t或s_{u0})不确定性的模拟。如果这个特定模型参数的统计特征取值不当，将会导致对边坡失效概率的有偏估计。相比之下，模型 5 可以更加灵活地表征不排水抗剪强度参数的空间变异性及非平稳分布特征。

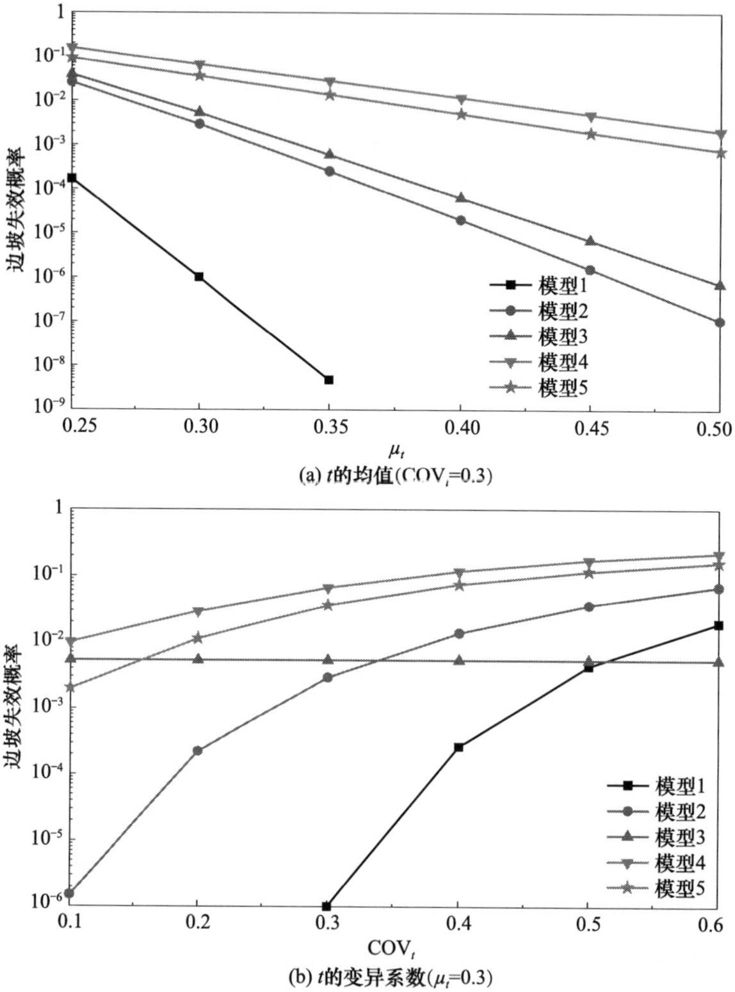

(a) t的均值(COV_t=0.3)

(b) t的变异系数(μ_t=0.3)

图 3.7　边坡失效概率随 t 的均值和变异系数的变化关系

为了揭示采用非平稳随机场和平稳随机场在模拟岩土体参数空间变异性上的差异及其对边坡可靠度的影响，取边坡 1/4 埋深($z=-5$m)处的参数均值和标准差作为 s_u 平稳对数正态随机场的均值和标准差。由此可计算得到模型 2、4 和 5 的均值 μ_{s_u} 为 44.669kPa，标准差 σ_{s_u} 分别为 9.865kPa、13.106kPa 和 12.47kPa，同时取 $\lambda_h=38$m 和 $\lambda_v=3.8$m。据此，3 个对应的

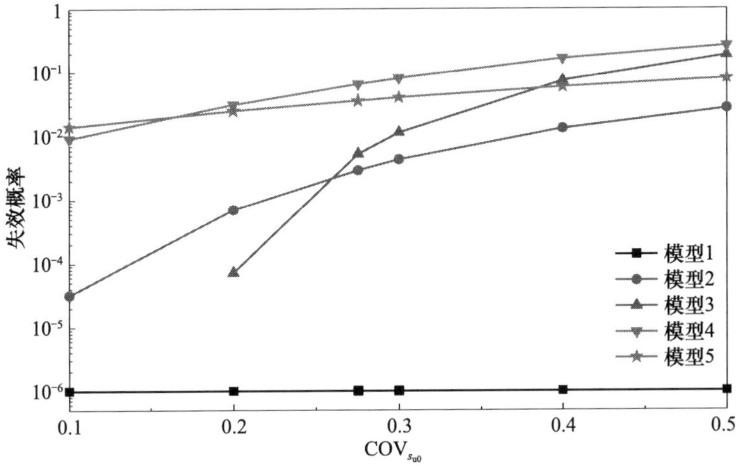

图 3.8　边坡失效概率随 s_{u0} 变异系数的变化关系

平稳随机场模型Ⅰ、Ⅱ和Ⅲ及相关的参数统计特征如表 3.4 所示。图 3.9(a)和(b)分别给出了边坡失效概率随水平波动范围和垂直波动范围的变化关系。由图可知，由模型 2 获得的边坡失效概率最小，由模型 5 获得的边坡失效概率居中，由模型 4 获得的边坡失效概率最大，这与图 3.4 中 s_u 的标准差和变异系数的变化规律一致。此外，与平稳随机场模型相比，参数波动范围对由非平稳随机场模型计算的边坡失效概率影响较小，依然是垂直波动范围对边坡可靠度的影响比水平波动范围大。这主要是由于当 $COV_t=0.3$ 时，由模型 2、4 和 5 这 3 个非平稳随机场模型计算的边坡失效概率主要受趋势分量(参数 t)不确定性的影响，受随机波动分量[$w(x,z)$]不确定性的影响较小。换句话说，如果趋势分量(参数 t)的变异性相对较大，则 s_u 的空间变异性主要体现为趋势分量的不确定性。

为了验证这一点，下面进一步探讨随机波动分量 $w(x,z)$ 的标准差 σ_w 对边坡可靠度的影响，图 3.10 给出了由模型 5 计算的不同 COV_t 处的边坡失效概率随机波动分量标准差 σ_w 的变化关系。由图可知，当 COV_t 较大时，σ_w 对边坡失效概率的影响较小，然而，随着 COV_t 的减小，σ_w 对边坡失效概率的影响逐渐增强。同样这是因为当 COV_t 较大时，由模型 5 模拟的 s_u 固有的空间变异性主要体现为趋势分量的不确定性，此时随机波动分量的不确定性被趋势分量不确定性所掩盖，但是随着 COV_t 的逐渐减小，s_u 固有的空间变异性逐渐体现为随机波动分量的不确定性，这也正是单独模拟岩土体参数趋势分量和随机波动分量不确定性的必要性所在。

表 3.4　s_u 的 3 个平稳随机场模型及相关的参数统计特征

模型	参数	土地参数模型	土地参数统计特征
Ⅰ	$s_u(x,z)$	平稳对数正态随机场	$\mu_{s_u}=44.669\text{kPa},\sigma_{s_u}=9.865\text{kPa}$ ($\lambda_h=38\text{mm},\lambda_v=3.8\text{mm}$)
Ⅱ	$s_u(x,z)$	平稳对数正态随机场	$\mu_{s_u}=44.669\text{kPa},\sigma_{s_u}=13.106\text{kPa}$ ($\lambda_h=38\text{m},\lambda_v=3.8\text{m}$)
Ⅲ	$s_u(x,z)$	平稳对数正态随机场	$\mu_{s_u}=44.669\text{kPa},\sigma_{s_u}=12.47\text{kPa}$ ($\lambda_h=38\text{m},\lambda_v=3.8\text{m}$)

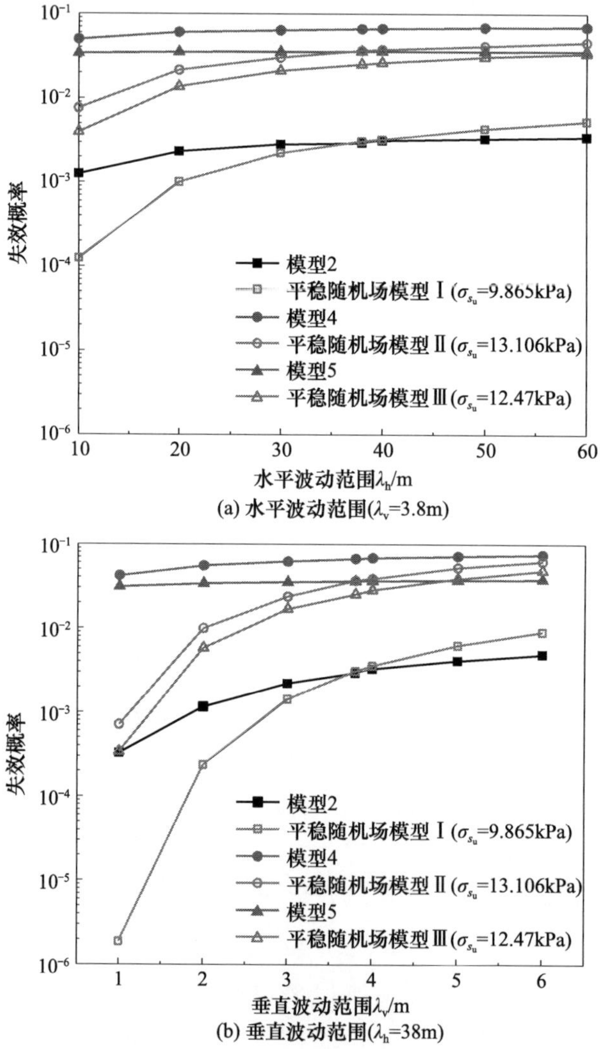

图 3.9　边坡失效概率随水平波动范围和垂直波动范围的变化关系

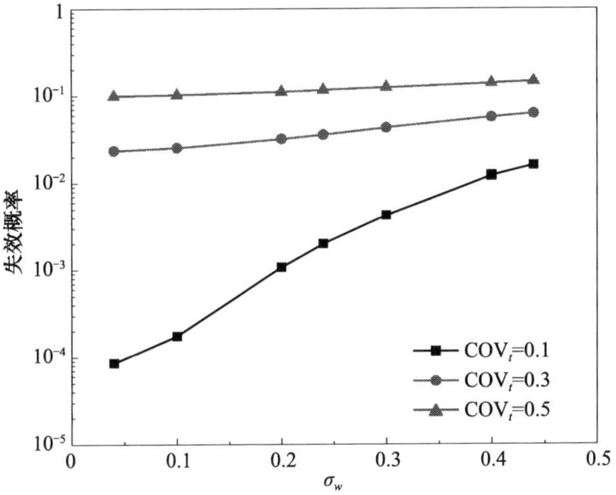

图 3.10 边坡失效概率随机波动分量标准差的变化关系(模型 5)

3.4 本章小结

本章建立了不排水抗剪强度参数先验非平稳随机场模型,该模型可以有效模拟超固结及多层岩土体不排水抗剪强度参数空间变异性及沿埋深强度逐渐增加的非平稳分布特性。通过不排水饱和黏土边坡算例验证了所建立的模型的有效性,并将所建立的模型与现有非平稳随机场模型及平稳随机场模型进行了系统比较,通过参数敏感性分析揭示了岩土体参数非平稳分布特征对边坡可靠度的影响规律。主要结论如下:

(1) 建立的非平稳随机场模型不仅能够模拟岩土体参数均值和标准差随埋深增加而增大的特性,而且采用对数正态随机变量和平稳正态随机场分别单独模拟岩土体参数趋势分量和随机波动分量的不确定性,由此获得的岩土体参数实现值围绕趋势分量(参数均值)较均匀地随机波动,与工程实际较为吻合,从而为合理表征岩土体参数非平稳分布特征提供了一条有效的途径。

(2) 当趋势分量参数的变异性较大时,岩土体参数空间变异性主要体现为趋势分量的不确定性,反之体现为随机波动分量的不确定性。相比之下,现有的非平稳随机场模型通过表征某一特定参数的不确定性来同时模拟岩土体参数趋势分量和随机波动分量的不确定性,一旦这个参数的变异性较小，便会明显低估岩土体参数固有的空间变异性的影响，从而造成不合理的计算结果。

(3) 考虑岩土体参数非平稳分布特征的边坡失稳破坏模式与统计均质边坡失稳破坏模式存在明显的差别，前者主要表现为沿坡趾的浅层失稳破坏。当采用非平稳随机场模拟岩土体参数空间变异性时，参数波动范围对边坡可靠度的影响相对较小，而趋势分量参数对边坡可靠度的影响相对较大。

本章主要研究了岩土体参数随埋深的线性变化趋势，然而一些岩土体参数沿埋深可能存在高阶非线性变化趋势，这需要进一步研究。此外，本章只研究了岩土体参数均值和标准差随埋深变化引起的参数非平稳分布特征，关于参数空间自相关结构随埋深变化引起的参数非平稳分布特征也值得深入研究。

参 考 文 献

[1] Lumb P. The variability of natural soils[J]. Canadian Geotechnical Journal, 1966, 3(2): 74-97.

[2] Asaoka A, Grivas D A. Spatial variability of the undrained strength of clays[J]. Journal of Geotechnical Engineering Division, 1982, 108(5): 743-756.

[3] DeGroot D J, Baecher G B. Estimating autocovariance of in-situ soil properties[J]. Journal of Geotechnical Engineering, 1993, 119(1): 147-166.

[4] Chiasson P, Lafleur J, Soulié M, et al. Characterizing spatial variability of a clay by geostatistics[J]. Canadian Geotechnical Journal, 1995, 32(1): 1-10.

[5] Jaksa M B, Brooker P I, Kaggwa W S. Inaccuracies associated with estimating random measurement errors[J]. Journal of Geotechnical and Geoenvironmental Engineering, 1997, 123(5): 393-401.

[6] Cafaro F, Cherubini C. Large sample spacing in evaluation of vertical strength variability of clayey soil[J]. Journal of Geotechnical and Geoenvironmental Engineering, 2002, 128(7): 558-568.

[7] Lloret-Cabot M, Fenton G A, Hicks M A. On the estimation of scale of fluctuation in geostatistics[J]. Georisk, 2014, 8(2): 129-140.

[8] Chenari R J, Farahbakhsh H K. Generating non-stationary random fields of auto-correlated, normally distributed CPT profile by matrix decomposition method[J].

Georisk,2015,9(2):96-108.

[9] 林军,蔡国军,邹海峰,等. 基于随机场理论的江苏海相黏土空间变异性评价研究[J]. 岩土工程学报,2015,37(7):1278-1287.

[10] Kulatilake P H S W,Um J G. Spatial variation of cone tip resistance for the clay site at Texas A&M University[J]. Geotechnical and Geological Engineering, 2003,21(2):149-165.

[11] Hicks M A,Samy K. Influence of heterogeneity on undrained clay slope stability[J]. Quarterly Journal of Engineering Geology and Hydrogeology,2002,35(1):41-49.

[12] Srivastava A,Sivakumar-Babu G L. Effect of soil variability on the bearing capacity of clay and in slope stability problems[J]. Engineering Geology,2009,108(1): 142-152.

[13] Wu S H,Ou C Y,Ching J,et al. Reliability-based design for basal heave stability of deep excavations in spatially varying soils[J]. Journal of Geotechnical and Geoenvironmental Engineering,2012,138(5):594-603.

[14] Li D Q,Qi X H,Phoon K K,et al. Effect of spatially variable shear strength parameters with linearly increasing mean trend on reliability of infinite slopes[J]. Structural safety,2014,49:45-55.

[15] 祁小辉,李典庆,周创兵,等. 考虑不排水抗剪强度空间变异性的条形基础极限承载力随机分析[J]. 岩土工程学报,2014,36(6):1095-1105.

[16] Griffiths D V,Huang J,Fenton G A. Probabilistic slope stability analysis using RFEM with non-stationary random fields[C]//Schweckendiek T,van Tol A F, Pereboom D,et al. Geotechnical Safety and Risk—Ⅴ,Rotterdam,2015:704-709.

[17] El-Ramly H,Morgenstern N R,Cruden D M. Probabilistic slope stability analysis for practice[J]. Canadian Geotechnical Journal,2002,39(3):665-683.

[18] Uzielli M,Lacasse S,Nadim F,et al. Soil variability analysis for geotechnical practice [C]//Tan T,Phoon K K,Hight D,et al. Characterization and Engineering Properties of Natural Soils. London:Taylor & Francis Group,2007:1653-1752.

[19] Ching J,Wang J S. Application of the transitional Markov chain Monte Carlo algorithm to probabilistic site characterization[J]. Engineering Geology,2016,203: 151-167.

[20] Duncan J M. Factors of safety and reliability in geotechnical engineering[J]. Journal of Geotechnical and Geoenvironmental Engineering,2000,126(4):307-316.

[21] Baecher G B,Christian J T. Reliability and Statistics in Geotechnical Engineering[M]. New York:John Wiley & Sons,2003.

[22] Rackwitz R. Reviewing probabilistic soils modelling[J]. Computers and Geotech-

nics,2000,26(3):199-223.

[23] Phoon K K,Kulhawy F H. Characterization of geotechnical variability[J]. Canadian Geotechnical Journal,1999,36(4):612-624.

[24] Wang Y,Cao Z J,Au S K. Practical reliability analysis of slope stability by advanced Monte Carlo simulations in a spreadsheet[J]. Canadian Geotechnical Journal,2010,48(1):162-172.

[25] Li L,Wang Y,Cao Z,et al. Risk de-aggregation and system reliability analysis of slope stability using representative slip surfaces [J]. Computers and Geotechnics,2013,53:95-105.

[26] Zhang J,Zhang L M,Tang W H. New methods for system reliability analysis of soil slopes[J]. Canadian Geotechnical Journal,2011,48(7):1138-1148.

[27] 邓东平,李亮. 两种滑动面型式下边坡稳定性计算方法的研究[J]. 岩土力学,2013,34(2):372-380.

[28] der Kiureghian A,Ke J B. The stochastic finite element method in structural reliability[J]. Probabilistic Engineering Mechanics,1988,3(2):83-91.

第 4 章　条件随机场模拟的贝叶斯更新方法及精度验证

利用有限的试验数据、监测资料和观测信息等多源场地信息建立参数条件随机场可以较真实地表征岩土体参数空间变异性。本章提出岩土体参数条件随机场模拟的贝叶斯更新方法，同时发展参数条件随机场模拟的解析方法用于验证 BUS 方法的计算精度，并将提出的 BUS 方法与完全随机场模拟方法进行系统比较。最后将提出的 BUS 方法和解析方法应用到不排水饱和黏土边坡可靠度更新评价中，选取来自两个钻孔的不排水抗剪强度参数现场 VST 数据建立条件随机场。通过参数敏感性分析探讨钻孔位置与钻孔布置方案对边坡可靠度更新的影响规律。结果表明，BUS 方法和解析方法不仅可以充分利用有限的现场试验数据较真实地表征岩土体参数空间变异性，而且建立的岩土体参数条件随机场能够有效反映参数均值和标准差随埋深逐渐增加的非平稳分布特性，使得边坡可靠度评价结果更加接近工程实际。钻孔位置与钻孔布置方案对边坡可靠度更新均具有一定的影响，在坡面附近区域进行钻孔取样获得的现场试验数据可对边坡可靠度评价提供更多的信息量。

4.1 引　　言

岩土工程中存在多种不确定性因素，如岩土体参数固有的空间变异性、测量不确定性、模型转换不确定性等，边坡可靠度分析因为能够定量地考虑这些不确定性因素对边坡稳定性的影响，近年来在岩土工程领域备受关注。为了准确估计地层特征和岩土体参数统计信息(如均值、标准差、分布类型、相关函数和波动范围等)以提高边坡可靠度分析的真实性和准确度，通常需要投入大量的人力物力进行室内试验、现场试验及现场监测等获得某一特定场地尽可能多的试验数据、监测数据和观测信息等。然而，工程实际中可获得的场地信息通常十分有限，据此难以获得准确的岩土体参数统计信息，在此基础上进行边坡可靠度评价，其评价结果可信度不高。因此，需要深入探讨有限场地信息条件下提高边坡可靠度评价真实性和准确度的有效途径。

目前许多学者逐步认识到地质沉积过程引起的岩土体参数空间变异性

对边坡可靠度的重要影响，并在这方面开展了大量有益的研究工作，然而大多采用完全随机场模型表征岩土体参数空间变异性，没有充分利用有限的试验数据和监测数据等来限定岩土体参数在空间特定位置上的分布。显然，当岩土体参数变异性较大时，完全随机场模型难以反映地层的真实信息，常会高估岩土体参数的空间变异性[1]。为真实地表征岩土体参数空间变异性和估计边坡可靠度，有必要充分利用通过现场试验、室内试验及各种监测手段获得的有限的CPT、SPT或VST数据、监测数据和观测信息等场地信息。近年来发展起来的条件随机场模拟方法可充分利用这些少量的实测资料，为合理表征有限样本条件下岩土体参数空间变异性提供了一条有效的途径。尽管目前关于岩土体参数条件随机场模拟研究取得了可喜的进展，但是仍然存在以下不足：

(1) 现有的条件随机场模拟方法计算过程较为复杂，计算效率较低，难以被工程设计人员所掌握，因此需要发展更为高效的岩土体参数条件随机场模拟方法。

(2) 目前条件随机场理论研究大多局限于沿埋深方向岩土体参数的一维空间变异性模拟，众所周知，岩土体参数不仅沿垂直(埋深)方向存在空间变异性，而且沿水平方向也存在空间变异性，需要探讨岩土体参数二维甚至三维各向异性条件随机场模拟问题。

(3) 现场地质勘查试验钻孔取样是了解地层特征和边坡等岩土结构服役性能的一种重要手段，但是如何优化设计钻孔位置和钻孔布置方案以尽可能降低工程造价一直是困扰工程师的理论难题，另外关于现场钻孔位置和钻孔布置方案对边坡可靠度更新的影响研究也较少。

针对以上问题，采用第2章提出的BUS方法建立岩土体参数条件随机场，本章发展了参数条件随机场模拟的解析方法验证BUS方法的计算精度，结合边坡可靠度分析给出计算流程，最后以不排水饱和黏土边坡为例验证提出的BUS方法的有效性，并探讨钻孔位置和钻孔布置方案对边坡可靠度更新的影响规律。

4.2 参数条件随机场模拟的解析方法

4.2.1 估计参数后验分布

天然岩土体受内部物质组成、应力环境、沉积条件、风化程度和埋藏条件等因素的影响，岩土体参数存在固有的空间变异性。表征岩土体参数固有空间变异性的先验信息主要包括均值、变异系数、概率分布、互相关系数、自相关函数和波动范围等，因试验数据和监测数据有限，先验信息一般通过工程经验、专家判定结合相关文献报告获得[2]。其中对数正态分布由于在(0，+∞)区间取值，并且偏向于小值，常用于表征岩土体参数的变异性[3]。以不排水抗剪强度参数 s_u 为例，假设 s_u 服从参数为 λ_{s_u} 和 ξ_{s_u} 的对数正态分布，λ_{s_u} 和 ξ_{s_u} 是相应正态变量 $\ln s_u$ 的均值和标准差，计算表达式分别为

$$\begin{cases}\xi_{s_u}=\sqrt{\ln(1+\mathrm{COV}_{s_u}^2)}\\ \lambda_{s_u}=\ln\mu_{s_u}-\dfrac{1}{2}\xi_{s_u}^2\end{cases}\tag{4.1}$$

式中，μ_{s_u} 为 s_u 的均值；COV_{s_u} 为 s_u 的变异系数。

此外，超参数如 s_u 的均值和标准差也存在一定的不确定性[4,5]。例如，s_u 的特征参数(如均值 μ_{s_u})通常存在一定的不确定性，假设 μ_{s_u} 服从参数为 $\lambda'_{\mu_{s_u}}$ 和 $\xi'_{\mu_{s_u}}$ 的对数正态分布。关于不同类型土体(黏土、细粒土)μ_{s_u} 的统计信息和变化范围可以通过文献[6]～[8]获得。目前关于 μ_{s_u} 的试验统计资料相对较多，如 Rackwitz[8] 对不同的土体类型统计了 μ_{s_u} 的取值范围。不失一般性，按照文献[5]的做法，将 μ_{s_u} 的下限值 s_u^{lower} 和上限值 s_u^{upper} 分别取为 μ_{s_u} 的 p_1 和 p_2 分位数，据此可得

$$\begin{cases}\xi'_{\mu_{s_u}}=\dfrac{\ln s_u^{\mathrm{upper}}-\ln s_u^{\mathrm{lower}}}{\Phi(p_2)-\Phi(p_1)}\\ \lambda'_{\mu_{s_u}}=\ln s_u^{\mathrm{lower}}-\xi'_{\mu_{s_u}}\Phi^{-1}(p_1)\end{cases}\tag{4.2}$$

式中，$\Phi(\cdot)$为标准正态变量的累积分布函数；$\Phi^{-1}(\cdot)$为 $\Phi(\cdot)$的逆函数。

进而 μ_{s_u} 的均值 $\mu'_{\mu_{s_u}}$ 和标准差 $\sigma'_{\mu_{s_u}}$ 可由式(4.3)计算得到

$$\begin{cases}\mu'_{\mu_{s_u}}=\exp\left(\lambda'_{\mu_{s_u}}+\dfrac{\xi'^2_{\mu_{s_u}}}{2}\right)\\ \sigma'_{\mu_{s_u}}=\mu'_{\mu_{s_u}}\sqrt{\exp(\xi'^2_{\mu_{s_u}})-1}\end{cases}\tag{4.3}$$

当 μ_{s_u} 服从参数为 $\lambda'_{\mu_{s_u}}$ 和 $\xi'_{\mu_{s_u}}$ 的对数正态分布时，由式(4.1)可知，λ_{s_u} 服从均值为 $\mu'_{\lambda_{s_u}}$、标准差为 $\sigma'_{\lambda_{s_u}}$ 的正态分布，其中 $\mu'_{\lambda_{s_u}}$ 和 $\sigma'_{\lambda_{s_u}}$ 可由 $\lambda'_{\mu_{s_u}}$ 和 $\xi'_{\mu_{s_u}}$ 计算得到

$$\begin{cases}\mu'_{\lambda_{s_u}}=\lambda'_{\mu_{s_u}}-\dfrac{1}{2}\xi_{s_u}^2\\ \sigma'_{\lambda_{s_u}}=\xi'_{\mu_{s_u}}\end{cases}\tag{4.4}$$

当考虑 s_u 均值 μ_{s_u} 的不确定性时，二维空间中任意点 q_i 处不排水抗剪强度参数 $s_u(q_i)$ 的边缘分布便是 s_u 的先验预测分布[4,5]，$q_i=(x_i,z_i)$，$i=1,2,\cdots,n_e$，其中 n_e 为二维条件随机场单元网格数目。$s_u(q_i)$ 的边缘分布可利用 s_u 和 λ_{s_u} 的联合概率密度函数对 λ_{s_u} 积分得到[4,5]：

$$
\begin{aligned}
f_{s_u}(s_u(q_i)) &= \int_{-\infty}^{+\infty} f_{s_u}(s_u \mid \lambda_{s_u}) f'_{\lambda_{s_u}}(\lambda_{s_u}) \mathrm{d}\lambda_{s_u} \\
&= \int_{-\infty}^{\infty} \frac{1}{s_u\sqrt{2\pi}\xi_{s_u}} \exp\left[-\frac{(\ln s_u-\lambda_{s_u})^2}{2\xi_{s_u}^2}\right] \frac{1}{\sqrt{2\pi}\sigma'_{\lambda_{s_u}}} \exp\left[-\frac{(\lambda_{s_u}-\mu'_{\lambda_{s_u}})^2}{2\sigma'^2_{\lambda_{s_u}}}\right] \mathrm{d}\lambda_{s_u} \\
&= \frac{1}{s_u\sqrt{2\pi}\xi_{s_u}} \frac{1}{\sqrt{2\pi}\sigma'_{\lambda_{s_u}}} \exp\left(-\frac{(\ln s_u)^2}{2\xi_{s_u}^2}-\frac{\mu'^2_{\lambda_{s_u}}}{2\sigma'^2_{\lambda_{s_u}}}\right) \frac{\sqrt{2\pi}}{\sqrt{\dfrac{1}{\xi_{s_u}^2}+\dfrac{1}{\sigma'^2_{\lambda_{s_u}}}}} \exp\left[\frac{\left(\dfrac{\ln s_u}{\xi_{s_u}^2}+\dfrac{\mu'_{\lambda_{s_u}}}{\sigma'^2_{\lambda_{s_u}}}\right)^2}{2\left(\dfrac{1}{\xi_{s_u}^2}+\dfrac{1}{\sigma'^2_{\lambda_{s_u}}}\right)}\right] \\
&= \frac{1}{s_u\sqrt{2\pi}\sqrt{\xi_{s_u}^2+\sigma'^2_{\lambda_{s_u}}}} \exp\left[-\frac{(\ln s_u)^2}{2\xi_{s_u}^2}-\frac{\mu'^2_{\lambda_{s_u}}}{2\sigma'^2_{\lambda_{s_u}}}+\frac{\left(\dfrac{\ln s_u}{\xi_{s_u}^2}+\dfrac{\mu'_{\lambda_{s_u}}}{\sigma'^2_{\lambda_{s_u}}}\right)^2}{2\left(\dfrac{1}{\xi_{s_u}^2}+\dfrac{1}{\sigma'^2_{\lambda_{s_u}}}\right)}\right] \\
&= \frac{1}{s_u\sqrt{2\pi}\sqrt{\xi_{s_u}^2+\sigma'^2_{\lambda_{s_u}}}} \exp\left[-\frac{(\ln s_u-\mu'_{\lambda_{s_u}})^2}{2(\xi_{s_u}^2+\sigma'^2_{\lambda_{s_u}})}\right]
\end{aligned} \tag{4.5}
$$

由式(4.5)可得，$s_u(q_i)$ 的边缘分布是参数为 $\mu'_{\lambda_{s_u}}$ 和 $\sqrt{\sigma'^2_{\lambda_{s_u}}+\xi_{s_u}^2}$ 的对数正态分布，相应地，$\ln s_u(q_i)$ 的边缘分布便是均值为 $\mu'_{\lambda_{s_u}}$、标准差为 $\sqrt{\sigma'^2_{\lambda_{s_u}}+\xi_{s_u}^2}$ 的正态分布，对应的 $\ln \boldsymbol{s}_u(\boldsymbol{q})$ 便服从均值为 $\boldsymbol{\mu}'_{\ln s_u}(\boldsymbol{q})$、协方差为 $\boldsymbol{C}'_{\ln s_u}(\boldsymbol{q},\boldsymbol{q})$ 的高维联合正态分布，其中 $\boldsymbol{q}$ 是维度为 $n_e\times 1$ 的空间所有点的位置向量，$\boldsymbol{q}=[q_1,q_2,\cdots,q_{n_e}]^{\mathrm{T}}$，均值向量 $\boldsymbol{\mu}'_{\ln s_u}(\boldsymbol{q})$ 和协方差矩阵 $\boldsymbol{C}'_{\ln s_u}(\boldsymbol{q},\boldsymbol{q})$ 中的元素分别为

$$
\begin{cases}
\mu'_{\ln s_u}(q_i)=\mu'_{\lambda_{s_u}} \\
C'_{\ln s_u}(q_i,q_j)=\sigma'^2_{\lambda_{s_u}}+\xi_{s_u}^2\rho'_U(q_i,q_j)
\end{cases} \tag{4.6}
$$

式中，$\rho'_U(q_i,q_j)$ 为标准正态空间中任意两点 q_i 和 q_j 处不排水抗剪强度参数之间的自相关系数，当 COV_{s_u} 较小时，$\rho'_U(q_i,q_j)$ 与原始空间自相关系数 $\rho_{s_u}(q_i,q_j)$ 近似相等[3]。

为了利用有限的试验数据模拟得到条件随机场 $\boldsymbol{s}_u(\boldsymbol{q})$ 的实现值，首先假设忽略测量误差或测量不确定性的影响，则任意取样点 q_i^{m} 处条件随机场的

模拟值 $s_u(q_i^m)$ 与试验数据 $s_{u,i}^m$ 恰好相等，$q_i^m=(x_i^m,z_i^m)$，$i=1,2,\cdots,n_d$，其中 n_d 为样本量，进而可建立如下相应的似然函数：

$$L(\boldsymbol{x})=\prod_{i=1}^{n_d}\delta[s_{u,i}^m-s_u(q_i^m)] \tag{4.7}$$

式中，$\delta(x)$ 为狄拉克函数，当 $x=0$ 时，$\delta(x)=\infty$，当 $x\neq0$ 时，$\delta(x)=0$。

需要说明的是，上述似然函数在取样位置上是狄拉克函数，根据式(4.7)可知，取样位置上模拟的岩土体特性完全被试验数据所限制，因此 s_u 的后验概率分布将是给定试验数据条件下的条件随机场。

根据 $\ln\boldsymbol{s}_u(\boldsymbol{q})$ 的先验概率分布和融合试验数据所建立的似然函数，可得到 $\ln\boldsymbol{s}_u(\boldsymbol{q})$ 的后验概率分布仍然是高维联合正态分布，且其后验均值向量 $\boldsymbol{\mu}''_{\ln s_u}(\boldsymbol{q})$ 和后验协方差矩阵 $\boldsymbol{C}''_{\ln s_u}(\boldsymbol{q},\boldsymbol{q})$ 中各个元素的解析计算表达式分别为[9]

$$\begin{cases}\mu''_{\ln s_u}(q_i)=\mu'_{\lambda_{s_u}}+\boldsymbol{C}'_{\ln s_u}(q_i,\boldsymbol{q}^m)\boldsymbol{C}'_{\ln s_u}(\boldsymbol{q}^m,\boldsymbol{q}^m)^{-1}(\ln\boldsymbol{s}_u^m-\mu'_{\lambda_{s_u}})\\ C''_{\ln s_u}(q_i,q_j)=C'_{\ln s_u}(q_i,q_j)-\boldsymbol{C}'_{\ln s_u}(q_i,\boldsymbol{q}^m)\boldsymbol{C}'_{\ln s_u}(\boldsymbol{q}^m,\boldsymbol{q}^m)^{-1}\boldsymbol{C}'_{\ln s_u}(\boldsymbol{q}^m,q_j)\end{cases} \tag{4.8}$$

式中，$\boldsymbol{q}^m$ 是维度为 $n_d\times1$ 的试验取样点位置向量，$\boldsymbol{q}^m=[q_1^m,q_2^m,\cdots,q_{n_d}^m]^T$；$\boldsymbol{s}_u^m$ 为不排水抗剪强度参数试验数据，$\boldsymbol{s}_u^m=[s_{u,1}^m,s_{u,2}^m,\cdots,s_{u,n_d}^m]^T$。

根据式(4.8)便可得条件随机场 $\boldsymbol{s}_u(\boldsymbol{q})$ 的一次典型值实现为

$$\boldsymbol{s}_u(\boldsymbol{q})=\exp[\boldsymbol{\mu}''_{\ln s_u}(\boldsymbol{q})+\boldsymbol{LU}] \tag{4.9}$$

式中，$\boldsymbol{U}$ 是维度为 $n_e\times1$ 的独立标准正态随机样本向量；$\boldsymbol{L}$ 是维度为 $n_e\times n_e$ 的下三角矩阵。

对后验协方差矩阵 $\boldsymbol{C}''_{\ln s_u}(\boldsymbol{q},\boldsymbol{q})$ 进行乔列斯基分解或者特征值分解，可得

$$\boldsymbol{LL}^T=(\boldsymbol{\Psi}\sqrt{\boldsymbol{\Lambda}})(\boldsymbol{\Psi}\sqrt{\boldsymbol{\Lambda}})^T=\boldsymbol{C}''_{\ln s_u}(\boldsymbol{q},\boldsymbol{q}) \tag{4.10}$$

式中，$\boldsymbol{\Lambda}$ 和 $\boldsymbol{\Psi}$ 分别为与后验协方差矩阵 $\boldsymbol{C}''_{\ln s_u}(\boldsymbol{q},\boldsymbol{q})$ 对应的特征值和特征向量。

根据式(4.8)还可得到原始空间任意点 q_i 处 $s_u(q_i)$ 的后验均值和后验标准差分别为

$$\begin{cases}\mu''_{s_u}(q_i)=\exp\left[\mu''_{\ln s_u}(q_i)+\dfrac{C''_{\ln s_u}(q_i,q_i)}{2}\right]\\ \sigma''_{s_u}(q_i)=\mu''_{s_u}(q_i)\sqrt{\exp[C''_{\ln s_u}(q_i,q_i)]-1}\end{cases} \tag{4.11}$$

岩土工程地质勘查过程中因测量技术的不完善、仪器误差、程序控制等人为误差的影响，现场试验将不可避免地存在一定的测量不确定性[10]，且

不可忽略不计，在岩土体参数概率分布推断和条件随机场模拟中需要合理考虑测量误差的影响。由文献[5]、[10]和[11]可知，试验或监测的测量误差 $\varepsilon_i^{\mathrm{m}}(i=1,2,\cdots,n_{\mathrm{d}})$一般相互独立并且均服从均值为 0、标准差为某一常数的正态分布。通常测量误差的标准差很难根据试验数据直接获得，相比之下，Phoon 和 Kulhawy[6,7]给出了一些关于测量误差变异系数的统计数据。为了避免计算测量误差的标准差，对于试验数据，采用一个乘法关系来表示$s_{\mathrm{u},i}^{\mathrm{m}}$和$s_{\mathrm{u}}(q_i^{\mathrm{m}})$之间的关系：

$$s_{\mathrm{u},i}^{\mathrm{m}}=s_{\mathrm{u}}(q_i^{\mathrm{m}})\varepsilon_i^{\mathrm{m}},\quad i=1,2,\cdots,n_{\mathrm{d}} \tag{4.12}$$

式中，$q_i^{\mathrm{m}}=(x_i^{\mathrm{m}},z_i^{\mathrm{m}})$为二维空间区域 Ω 内第 i 个钻孔取样点；$s_{\mathrm{u}}(q_i^{\mathrm{m}})$为不排水抗剪强度参数在 q_i^{m} 处的模拟值。

如上所述，试验装置、仪器问题及人为操作不当造成的不同试验的测量误差 $\varepsilon_i^{\mathrm{m}}$ 之间相互独立，故可假设 $\varepsilon_i^{\mathrm{m}}$ 服从中值为 1、标准差为某一常数的对数正态分布。由此基于 n_{d}组试验数据可建立似然函数为

$$L(\boldsymbol{x})=k\exp\left\{-\sum_{i=1}^{n_{\mathrm{d}}}\frac{[\ln s_{\mathrm{u},i}^{\mathrm{m}}-\ln s_{\mathrm{u}}(q_i^{\mathrm{m}})]^2}{2\sigma_{\ln\varepsilon_i^{\mathrm{m}}}^2}\right\} \tag{4.13}$$

式中，$k=[(2\pi)^{n_{\mathrm{d}}/2}\sigma_{\ln\varepsilon_i^{\mathrm{m}}}^{n_{\mathrm{d}}}]^{-1}$为比例常数；$\sigma_{\ln\varepsilon_i^{\mathrm{m}}}$为 $\ln\varepsilon_i^{\mathrm{m}}$ 的标准差，计算表达式为

$$\sigma_{\ln\varepsilon_i^{\mathrm{m}}}=\sqrt{\ln(1+\mathrm{COV}_{\varepsilon_i^{\mathrm{m}}}^2)} \tag{4.14}$$

式中，$\mathrm{COV}_{\varepsilon_i^{\mathrm{m}}}$为测量误差 $\varepsilon_i^{\mathrm{m}}$ 的变异系数。

在此基础上，可推导得到考虑测量误差影响的条件随机场 $\boldsymbol{s}_{\mathrm{u}}(\boldsymbol{q})$的后验均值向量 $\boldsymbol{\mu}_{\ln s_{\mathrm{u}}}''(\boldsymbol{q})$和后验协方差矩阵 $\boldsymbol{C}_{\ln s_{\mathrm{u}}}''(\boldsymbol{q},\boldsymbol{q})$，其中各个元素的解析计算表达式分别为

$$\begin{cases}\mu_{\ln s_{\mathrm{u}}}''(q_i)=\mu_{\lambda_{s_{\mathrm{u}}}}'+\boldsymbol{C}_{\ln s_{\mathrm{u}}}'(q_i,\boldsymbol{q}^{\mathrm{m}})\left[\boldsymbol{C}_{\ln s_{\mathrm{u}}}'(\boldsymbol{q}^{\mathrm{m}},\boldsymbol{q}^{\mathrm{m}})+\sigma_{\ln\varepsilon_i^{\mathrm{m}}}^2\right]^{-1}(\ln\boldsymbol{s}_{\mathrm{u}}^{\mathrm{m}}-\mu_{\lambda_{s_{\mathrm{u}}}}')\\ C_{\ln s_{\mathrm{u}}}''(q_i,q_j)=C_{\ln s_{\mathrm{u}}}'(q_i,q_j)-\boldsymbol{C}_{\ln s_{\mathrm{u}}}'(q_i,\boldsymbol{q}^{\mathrm{m}})\left[\boldsymbol{C}_{\ln s_{\mathrm{u}}}'(\boldsymbol{q}^{\mathrm{m}},\boldsymbol{q}^{\mathrm{m}})+\sigma_{\ln\varepsilon_i^{\mathrm{m}}}^2\right]^{-1}\boldsymbol{C}_{\ln s_{\mathrm{u}}}'(\boldsymbol{q}^{\mathrm{m}},q_j)\end{cases} \tag{4.15}$$

需要说明的是，标准正态空间测量误差的标准差 $\sigma_{\ln\varepsilon_i^{\mathrm{m}}}$可由原始空间测量误差的变异系数 $\mathrm{COV}_{\varepsilon_i^{\mathrm{m}}}$计算得到(见式(4.14))。另外，如果 s_{u} 及其均值 $\mu_{s_{\mathrm{u}}}$ 均服从正态分布，同样可以解析计算 s_{u} 的后验统计特征，但是如果 s_{u} 或 $\mu_{s_{\mathrm{u}}}$ 服从均匀分布、极值Ⅰ型分布和贝塔分布等非正态分布，则只能通过数值方法(如 BUS 方法)求解 s_{u} 的后验统计特征。

4.2.2 参数条件随机场模拟流程

下面以不排水抗剪强度参数为例，结合边坡可靠度分析介绍岩土体参

数二维各向异性条件随机场模拟方法的计算流程。

(1) 确定输入参数如 s_u 及其均值 μ_{s_u} 的先验信息,包括均值、变异系数、概率分布、互相关系数、自相关函数以及水平波动范围和垂直波动范围等。

(2) 将边坡区域离散为二维随机场单元网格,注意需保证随机场单元水平尺寸和垂直尺寸满足计算精度要求,否则要考虑随机场单元局部平均效应,并从中提取每个随机场单元的中心点坐标 $q_i=(x_i,z_i)$,$i=1,2,\cdots,n_e$,其中 n_e 为随机场单元网格数目。

(3) 根据在边坡区域不同取样位置 $q_i^m=(x_i^m,z_i^m)$ 处获得的试验数据 $s_{u,i}^m$ 及其测量误差 ε_i^m 的统计特征,$i=1,2,\cdots,n_d$,根据式(4.13)建立似然函数。

(4) 采用式(4.15)计算参数 s_u 后验均值向量和后验协方差矩阵,并采用式(4.10)对后验协方差矩阵进行乔列斯基分解或者特征值分解得到下三角矩阵 $\boldsymbol{L}$。

(5) 随机产生一组维度为 $n_e\times 1$ 的独立标准正态随机样本 $\boldsymbol{U}$,根据式(4.9)模拟得到条件随机场 $\boldsymbol{s}_u(\boldsymbol{q})$ 的一次典型实现值,获得的随机场实现值恰好与边坡随机场单元网格一一对应。

(6) 将步骤(5)重复 N 次,便可得到随机场 $\boldsymbol{s}_u(\boldsymbol{q})$ 的 N 次典型实现值,将其分别赋给边坡模型并采用极限平衡或有限元方法进行边坡稳定性分析可获得 N 个安全系数,再统计估计安全系数的概率分布以及 N 个安全系数中小于 1.0 的数目,便可计算边坡失效概率。

需要说明的是,本章以正常固结土体或超固结土体的不排水抗剪强度参数和 VST 数据为例,通过比较分析 BUS 方法和上述解析方法建立参数条件随机场的有效性。BUS 方法和解析方法同样可以拓展到利用其他类型试验数据或监测数据建立其他岩土体参数条件随机场。只要在边坡不同钻孔位置上获得尽可能多的试验数据,BUS 方法和解析方法所建立的参数条件随机场既能反映参数在空间分布上的统计均质性,又能反映参数随深度变化的趋势。如果可用的试验数据很少,为了仍能较好地反映参数上述分布规律,可根据第 3 章提前构建岩土体参数先验非平稳随机场模型。

4.3 不排水饱和黏土边坡

下面以不排水饱和黏土边坡[12]为例验证提出的 BUS 方法和解析方法的有效性及计算精度,边坡计算模型如图 4.1 所示,坡高为 9m,坡角为

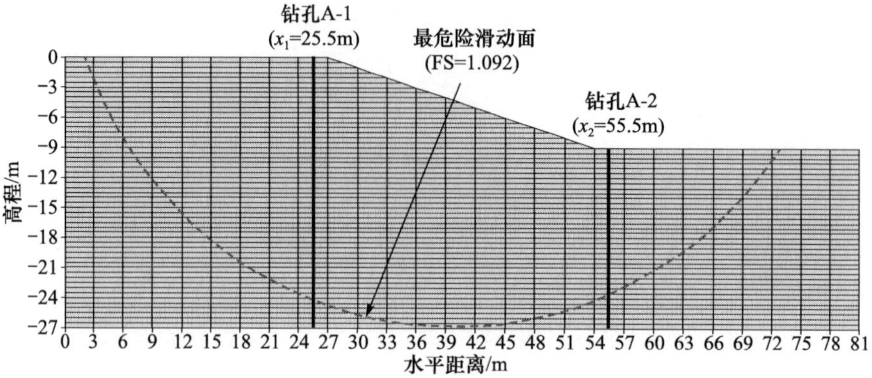

图 4.1　坡高 9m 的均质边坡计算模型及稳定性分析结果

18.4°，坡顶 27m 以下有坚硬的岩层，土体重度视为常量，取 $\gamma_{sat}=20\text{kN/m}^3$。

由文献[8]可知，软、硬和很硬塑性无机黏土层的不固结黏聚力分别在 10～20kPa、20～50kPa 和 50～100kPa 变化。以硬塑性无机黏土层为例，采用对数正态分布模拟不排水抗剪强度参数 s_u 均值 μ_{s_u} 的不确定性，并将对应的下限值 20kPa 和上限值 50kPa 分别取为 μ_{s_u} 的 10%和 90%分位数[5]，据此由式(4.2)和式(4.3)可以得到 μ_{s_u} 的均值 $\mu'_{\mu_{s_u}}$ 和标准差 $\sigma'_{\mu_{s_u}}$ 分别为 33.71kPa 和 12.45kPa。Phoon 和 Kulhawy[6]给出了由 VST 获得的不排水抗剪强度参数的变异系数 COV_{s_u} 的变化范围为 0.04～0.44，均值为 0.24。为此，将 s_u 模拟为均值 μ'_{s_u} 为 33.71kPa、变异系数 COV_{s_u} 为 0.24 和标准差 $\sigma'_{\mu_{s_u}}$ 为 8.09kPa 的对数正态随机场。

选用二维指数型自相关函数模拟 s_u 的空间自相关性(见式(3.12))，由文献[6]可知，由 VST 获得的不排水抗剪强度参数的垂直波动范围 λ_v 的变化范围为 2.0～6.2m，均值为 3.8m，并且水平波动范围一般为垂直波动范围的 10 倍，故模拟 s_u 的二维空间变异性时取 $\lambda_h=38\text{m}$ 和 $\lambda_v=3.8\text{m}$。由文献[7]可知，现场 VST 测量误差的变异系数 $COV_{\varepsilon_i^m}$ 的变化范围为 0.1～0.2，取值为 0.1，即相应的标准差 $\sigma_{\ln\varepsilon_i^m}$ 约为 0.1。输入参数及测量误差的先验统计信息如表 4.1 所示。

表 4.1　输入参数及测量误差的先验统计信息

输入参数	输入参数模型	输入参数统计特征
s_u	对数正态随机场	$\mu'_{s_u}=33.71\text{kPa}$，$\sigma'_{s_u}=8.09\text{kPa}$ ($\lambda_h=38\text{m}$，$\lambda_v=3.8\text{m}$)
μ_{s_u}	对数正态随机变量	$\mu'_{\mu_{s_u}}=33.71\text{kPa}$，$\sigma'_{\mu_{s_u}}=12.45\text{kPa}$
$\varepsilon_i^m(i=1,2,\cdots,n_d)$	对数正态随机变量	$\text{Median}_{\varepsilon_i^m}=1.0$，$COV_{\varepsilon_i^m}=0.1$

为了使边坡可靠度评价结果更加接近工程实际，在模拟岩土体参数空间变异性时需充分利用少量的试验数据来限定岩土体参数在空间特定位置上的分布，建立参数条件随机场。选用 Asaoka 和 Grivas[13] 提供的纽约市某高速公路附近场地 VST 获得的钻孔 A-1 和 A-2 的不排水抗剪强度参数 s_u 现场试验数据，建立条件随机场再进行边坡可靠度分析比较验证 BUS 方法和解析方法的有效性。图 4.2(a)和(b)分别给出了钻孔 A-1 的 21 组和 A-2 的 13 组 s_u 的现场 VST 数据[13]，可见 s_u 试验数据沿埋深呈现近似线性增加的趋势。

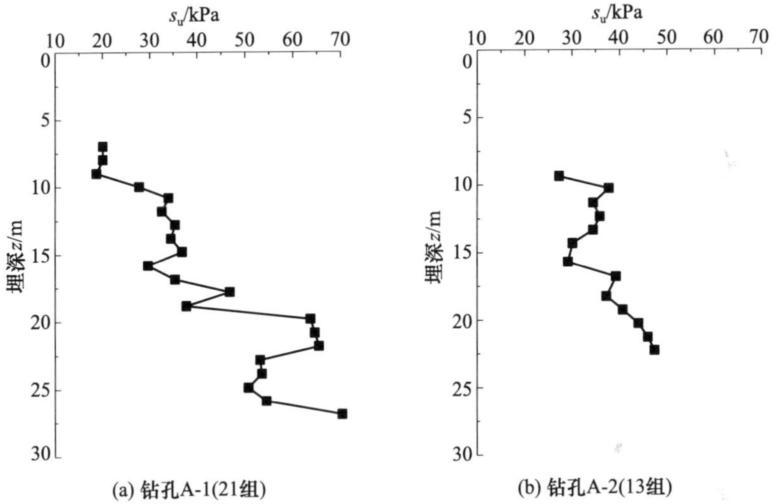

图 4.2 不排水抗剪强度参数现场 VST 数据[13]

为有效模拟 s_u 的二维空间变异性，首先将参数随机场共剖分为 1224 个水平尺寸 $l_x=3.0\text{m}$ 和垂直尺寸 $l_z=0.5\text{m}$ 的四边形和三角形混合单元，随机场单元网格如图 4.1 所示。随机场单元水平尺寸与水平波动范围的比值为 $l_x/\delta_h=3.0/38=0.08$，随机场单元垂直尺寸与垂直波动范围的比值为 $l_z/\delta_v=0.5/3.8=0.13$，与 der Kiureghian 和 Ke[14] 的建议吻合。在模拟 s_u 空间变异性的基础上采用简化毕肖普法计算边坡安全系数，将 s_u 的先验均值 $\mu'_{s_u}=33.71\text{kPa}$ 赋给该边坡模型，计算得到边坡安全系数为 1.092，自动搜索的最危险滑动面如图 4.1 虚线所示。可见该均质黏土边坡破坏模式与坡高无关，沿着坡底发生深层失稳破坏。接着采用子集模拟计算边坡失效概率，每层样本数目和条件概率分别取 $N_l=2000$ 和 $p_0=0.1$ 以保证计算精度。当仅基于岩土体参数先验信息而不再利用任何试验数据或监测数据直接模拟参数空间变异性时，所产生的参数随机场常称为完全随机场，以区分于条件随机场，基于 s_u 完全随机场模型采用子集模拟计算的边坡失效概率为 0.362。

首先当仅利用钻孔 A-1 的 21 组 s_u 试验数据，任取钻孔 A-1 的取样位置为图 4.1 中的边坡水平位置 $x_1=25.5$m，由式(4.15)和式(4.1)计算得到 s_u 的后验均值向量 $\boldsymbol{\mu}''_{s_u}(\boldsymbol{q})$ 和后验标准差向量 $\boldsymbol{\sigma}''_{s_u}(\boldsymbol{q})$，将其分别赋给边坡模型对应的随机场单元网格。图 4.3 给出了基于钻孔 A-1 试验数据的不排水抗剪强度参数的后验均值、后验变异系数和后验标准差的空间分布，图中颜色较深部分表示 s_u 统计特征值较大区域，颜色较浅部分表示 s_u 统计特征值较小区域。由图 4.3 可知，融合 21 组 s_u 现场 VST 数据之后，μ''_{s_u} 与 VST 数据吻合，σ''_{s_u} 明显减小。所模拟的条件随机场不再是平稳随机场，这是因为其后验均值和后验标准差在二维空间上不再是常数，而是因空间位置的不同而变化，尤其是在钻孔附近变化非常明显。越接近于钻孔取样位置，参数统计特征变化越明显。例如，对于远离钻孔取样位置的随机场单元，其后验均值 μ''_{s_u} 基本上等于先验均值($\mu'_{s_u}=33.71$kPa)，后验变异系数 COV''_{s_u} 和后验标准差 σ''_{s_u} 分别接近于先验值($\mathrm{COV}'_{s_u}=0.24$ 和 $\sigma'_{s_u}=8.09$kPa)。

需要说明的是，试验数据的最大影响区域近似等于水平波动范围($\lambda_h=38$m)，这正好与水平波动范围的定义吻合。将 μ''_{s_u} 赋给边坡模型进行边坡稳定性分析，采用简化毕肖普法计算的边坡安全系数为 1.254，大于基于 μ'_{s_u} 计算的 1.092。此外，边坡破坏模式与图 4.1也有明显的差别，此时边坡沿坡趾附近发生浅层失稳破坏，如图 4.3 所示，这主要是由于建立条件随机场可较好地反映 s_u 沿埋深线性增加的非平稳分布特性，考虑 s_u 沿埋深线性增加趋势的边坡失稳破坏模式表现为浅层失隐破坏模式，这与 Griffiths 和 Yu[15] 得出的结论保持一致。

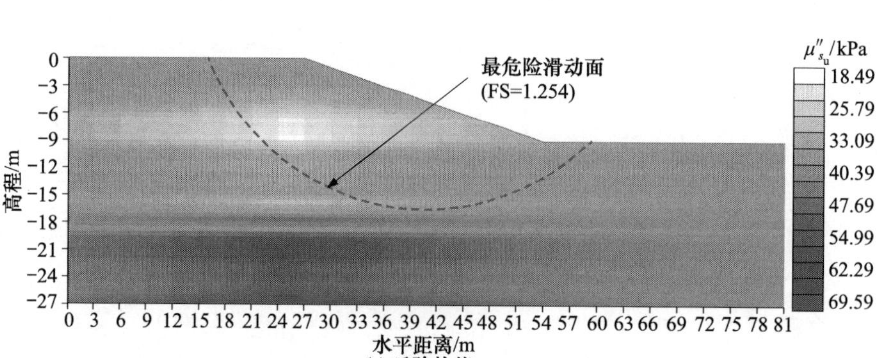

(a) 后验均值

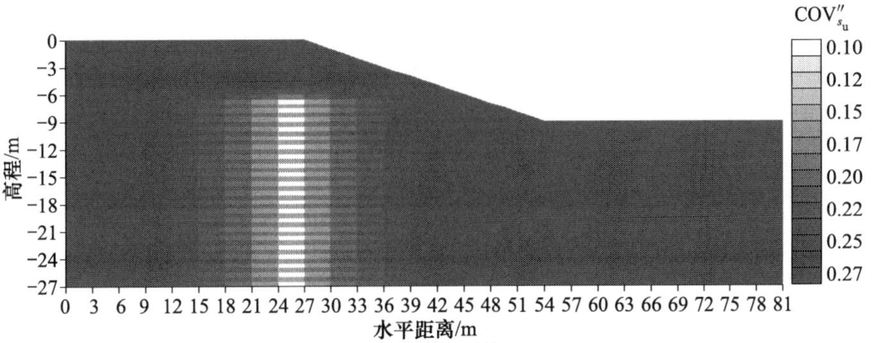

(b) 后验变异系数

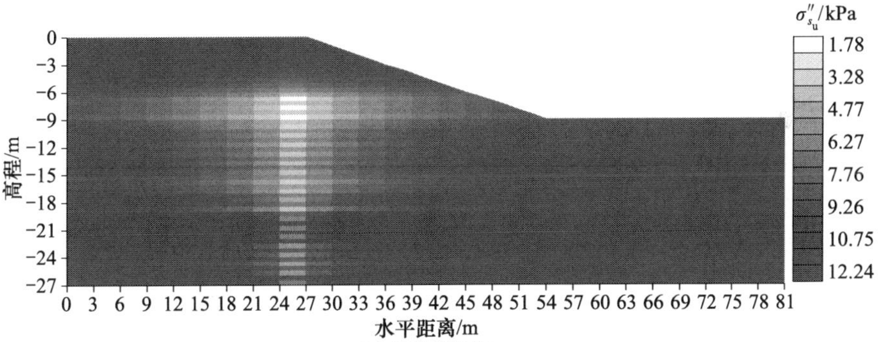

(c) 后验标准差

图 4.3　基于钻孔 A-1 试验数据的不排水抗剪强度参数的后验均值、后验变异系数和后验标准差的空间分布

为了进一步验证提出方法的有效性，图 4.4(a)、(b)和(c)分别比较了由 BUS 方法和解析方法计算的沿埋深方向($x_1=25.5$m)不排水抗剪强度参数的先验和后验均值、后验变异系数和后验标准差。图 4.4(a)中后验均值与先验均值明显不同，在取样点处由 BUS 方法与解析方法计算的后验均值基本相同，并与 VST 数据吻合。图 4.4(b)中由 BUS 方法与解析方法计算的后验变异系数随埋深的变化趋势大体相似。其中，由解析方法获得的后验变异系数从接近地面的 0.27 减少到取样点处的 0.1(恰好等于测量误差的变异系数)，相比之下，由 BUS 方法获得的后验变异系数从 0.28 减小到小于 0.1。总体来讲，由于 BUS 方法是一种数值方法，在估计参数后验统计特征时容易引起抽样误差，其计算精度低于解析方法。图 4.4(c)中后验标准差的变化规律与图 4.4(b)中后验变异系数的变化规律基本一致，由 BUS 方法计算的后验标准差略小于由解析方法计算的后验标准差。

另外，VST 数据对钻孔 A-1 取样点附近区域参数的均值和标准差有较

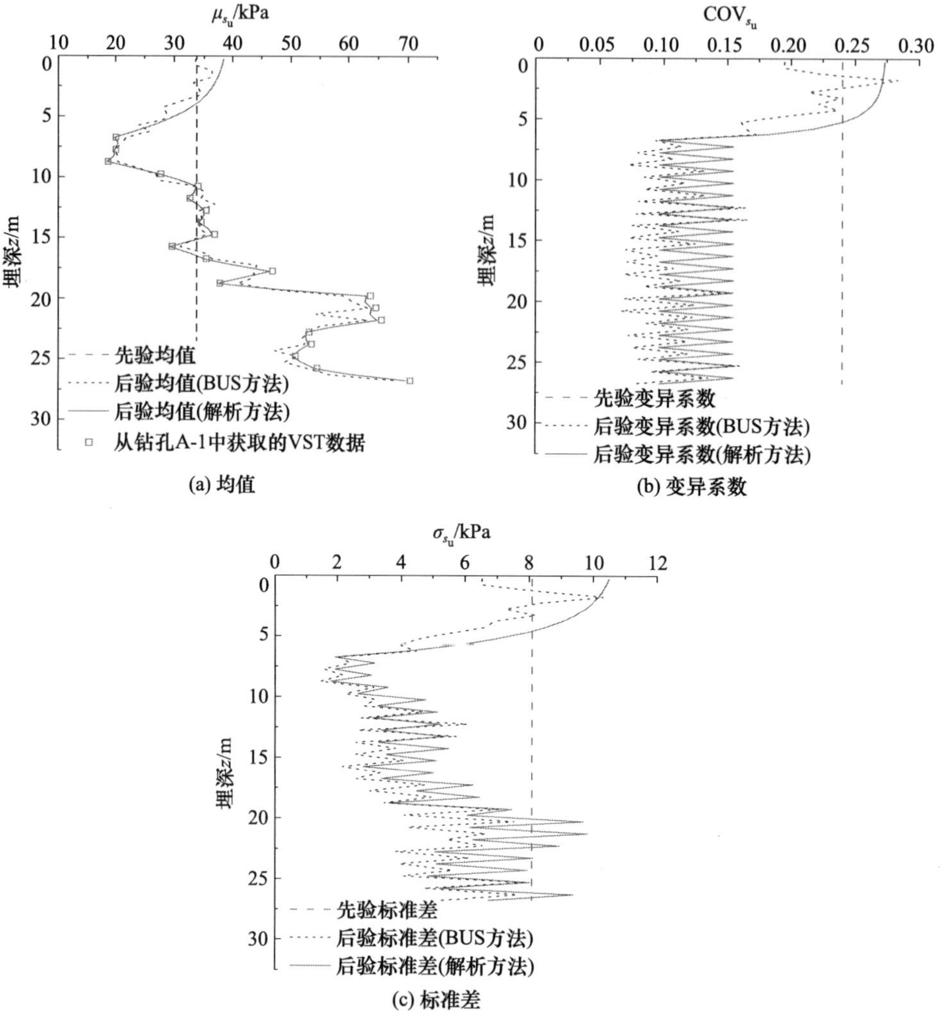

(a) 均值　　(b) 变异系数　　(c) 标准差

图 4.4　基于钻孔 A-1 试验数据沿埋深方向(x=25.5m)不排水抗剪强度参数的先验和后验均值、变异系数和标准差

大的影响，其影响范围与参数波动范围大小有关，不同位置处后验均值和后验标准差根据其与取样点之间空间自相关性的大小均得到了不同程度的更新，然而 VST 数据对距离取样点较远区域参数的均值和标准差影响较小。此外可以发现，后验均值和后验标准差也均随着埋深的增加而增大，这与 VST 数据随埋深的变化规律一致。由此可见，BUS 方法和解析方法不仅可以充分利用有限的现场试验数据在较大程度上降低对岩土体参数不确定性的估计，而且可有效反映岩土体参数均值和标准差沿埋深逐渐增加

的非平稳分布特性，从而可以更加客观地表征岩土体参数空间变异性和客观地评价边坡可靠度。

获得 s_u 随机场后验均值向量和后验协方差矩阵之后，采用基于乔列斯基分解的中点法便可模拟得到条件随机场实现值，图 4.5 给出了采用解析方法产生的不排水抗剪强度参数条件随机场沿埋深方向（$x_1=25.5$m）的 5 次典型实现值。同样，在 21 个钻孔取样点处 s_u 随机场实现值也均与现场 VST 数据吻合且变异性最小，相比之下，取样点之外的 s_u 随机场实现值的离散性较大。

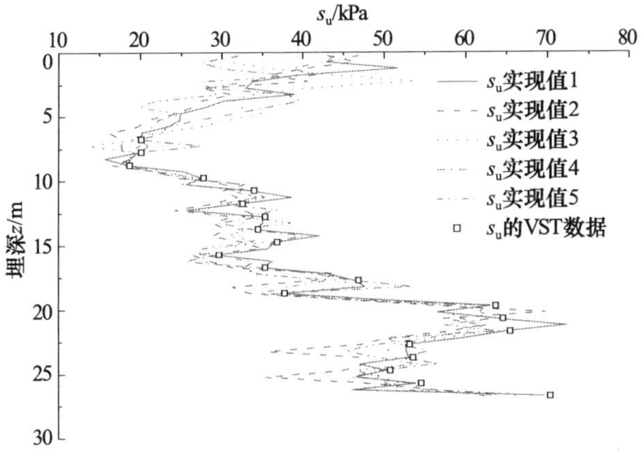

图 4.5　不排水抗剪强度参数条件随机场沿埋深方向（$x_1=25.5$m）的 5 次典型实现值

接着，采用 BUS 方法和解析方法分别基于不同水平位置上的钻孔 A-1 的 21 组试验数据建立条件随机场，再将其赋给边坡区域对应的随机场单元网格，并采用子集模拟计算边坡失效概率，其中 N_l 和 p_0 仍分别取 2000 和 0.1。采用 BUS 方法结合子集模拟计算的边坡后验失效概率为 5.87×10^{-2}，采用解析方法结合子集模拟计算的边坡后验失效概率为 9.5×10^{-2}，两者接近。然而，BUS 方法的计算效率明显低于解析方法，在内存为 32GB、CPU 为双 Intel Xeon E5 和主显为 2.2GHz 的计算机上，前者计算时间为 19985s，远远高于后者的 327s。并且这两种方法在计算时间上的差别还会随着后验失效概率水平的降低而变得更为明显。此外，后验失效概率明显小于先验失效概率[$P(\Omega_F)=0.362$]，表明与完全随机场模型相比，充分利用少量的 VST 数据建立的条件随机场可在较大程度上降低对岩土体参数不确定性的估计，有效提高边坡可靠度水平。

岩土工程实际的场地勘查方案优化设计中，需要确定最大场地信息对应的钻孔位置。为此，下面通过参数敏感性分析探讨钻孔位置对边坡可靠度更新的影响，假设钻孔 A-1 和 A-2 在坡面 27 个不同的位置上，然后分别采用相应的 21 组和 13 组 VST 数据建立条件随机场，估计安全系数概率分布和后验失效概率。图 4.6(a)和(b)比较了基于 5 个不同位置上钻孔 A-1 和 A-2 的 VST 数据建立条件随机场计算的安全系数概率密度函数。由图 4.6 可知，基于条件随机场得到的安全系数概率分布比基于完全随机场得到的安全系数概率分布更加离散，这是因为条件随机场是非平稳随机场，由图 4.3(b)可知，尽管在取样点附近的参数后验变异系数接近 0.1，但是在整个边坡区域内的参数后验变异系数整体要大于先验变异系数(0.24)。与基于钻孔 A-2 的试验数据建立条件随机场计算得到的安全系数概率分布相比，

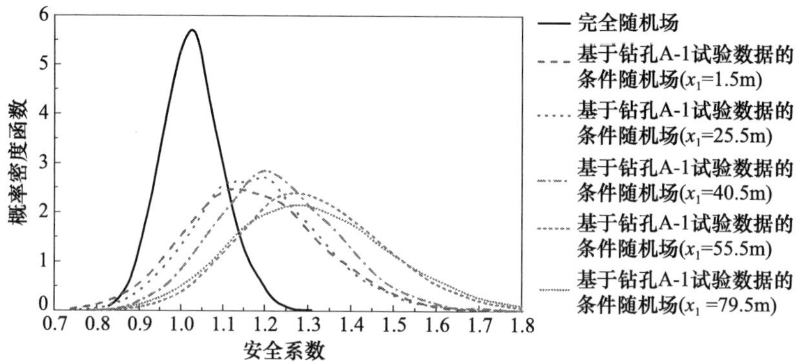

(a) 基于钻孔A-1试验数据建立条件随机场

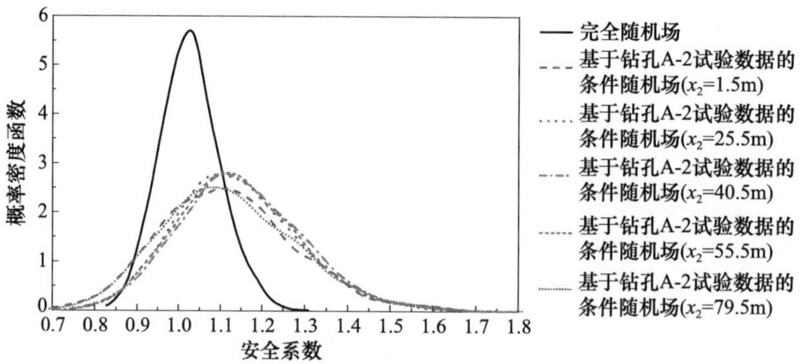

(b) 基于钻孔A-2试验数据建立条件随机场

图 4.6　安全系数概率密度函数的比较

钻孔位置对基于钻孔 A-1 的试验数据建立条件随机场计算得到的安全系数概率分布的影响更大，这是因为是否有更多的钻孔取样点落入边坡潜在失稳区域内，与钻孔 A-1 的位置直接相关，而钻孔 A-1 的这些 VST 数据又恰好能为了解滑动面抗剪强度提供重要的信息。另外，与钻孔 A-2 的 VST 数据相比，钻孔 A-1 的 VST 数据呈现的线性增加趋势更加明显，并且其不确定性相对来说也更大一些。

图 4.7 比较了由 BUS 方法和解析方法建立条件随机场计算得到的边坡失效概率随钻孔位置的变化关系，基于完全随机场计算得到的先验失效概率 $P(\Omega_F)=0.362$ 也列入图 4.7 用于比较。由图 4.7 可知，融合现场试验数据建立条件随机场获得的边坡后验失效概率明显小于先验失效概率。这主要是由于岩土体整体抗剪强度增加和参数不确定性估计值降低（见图 4.4）。例如，当钻孔水平位置为 $x=55.5\text{m}$ 时，基于钻孔 A-1 的 21 组和钻孔 A-2 的 13 组 VST 数据建立条件随机场，计算得到的边坡后验失效概率分别为 0.0194 和 0.168，大约只有先验失效概率的 1/19 和 1/2。此外，当钻孔水平位置由边坡左侧（$x_1=1.5\text{m}$）变化到右侧（$x_1=79.5\text{m}$）时，采用 BUS 方法基于钻孔 A-1 和 A-2 的 VST 数据建立条件随机场计算得到的边坡后验失效概率的波动性非常大，这主要是由于 BUS 方法是一种数值方法，存在一定的抽样误差。相比之下，采用解析方法基于钻孔 A-1 和 A-2 的 VST 数据建立条件随机场计算得到的边坡后验失效概率随钻孔位置的变化规律更为合理。当沿坡面钻孔取样时，由 BUS 方法和解析方法计算的边

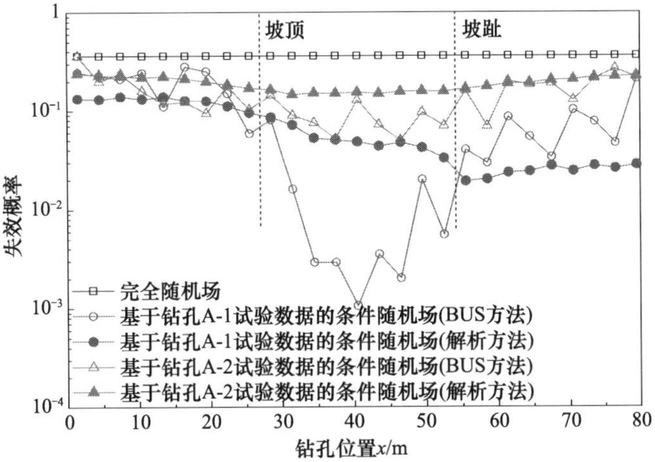

图 4.7　边坡失效概率随钻孔位置的变化关系

坡后验失效概率差别更为明显。例如，当钻孔水平位置为 $x=40.5$m 时，采用 BUS 方法和解析方法基于钻孔 A-1 的 21 组 VST 数据建立条件随机场计算得到的边坡后验失效概率分别为 1.06×10^{-3} 和 4.86×10^{-2}。钻孔位置对边坡可靠度具有重要的影响，采用解析方法基于钻孔A-1和 A-2 试验数据建立条件随机场计算得到的边坡后验失效概率分别在坡趾和坡顶附近达到最小。因此，在岩土勘查设计中，应优先选取那些可导致较小后验失效概率的钻孔位置来开展现场地质勘查试验。此外，相比于钻孔 A-2，基于钻孔 A-1 的 21 组 VST 数据建立的条件随机场对边坡可靠度更新的影响更为明显。

另外，还可以采用 BUS 方法和解析方法同时融合多组现场试验数据建立条件随机场 s_u，以联合利用钻孔 A-1 和 A-2 的试验数据为例，任取钻孔水平位置为 $x_1=25.5$m、$x_2=55.5$m，依坡面中心点对称布置（钻孔间距为 30m），如图 4.1 所示，此时钻孔 A-1 和 A-2 的水平间距为 30m。同样，采用式(4.11)和式(4.15)可计算得到 s_u 的后验均值向量 $\boldsymbol{\mu}''_{s_u}(\boldsymbol{q})$、后验变异系数向量 $\mathbf{COV}''_{s_u}(\boldsymbol{q})$ 和后验标准差向量 $\boldsymbol{\sigma}''_{s_u}(\boldsymbol{q})$，将其分别赋给边坡区域对应的随机场单元网格。图 4.8 给出了基于钻孔 A-1 和 A-2 试验数据的不排水抗剪强度参数的后验均值、后验变异系数和后验标准差的空间分布。与图 4.3 一样，在取样点处 s_u 条件随机场的后验均值 μ''_{s_u} 与试验数据非常吻合，COV''_{s_u} 和 σ''_{s_u} 有较大程度的减小，取样点附近处参数后验均值、后验变异系数和后验标准差因受岩土体参数自相关性的影响也得到了较大程度的更新。

然而与图 4.3 不同的是，此时建立条件随机场还利用了钻孔 A-2 的 13 组 VST 数据，因而钻孔 A-2 附近区域 s_u 的均值、变异系数和标准差也变化明显。基于 μ''_{s_u} 进行边坡稳定性分析，采用简化毕肖普法计算的边坡安全系数为 1.186，反而小于图 4.3(a)单独基于钻孔 A-1 试验数据计算的边坡安全系数(1.254)。此时采用子集模拟计算的边坡后验失效概率为 0.122，大于单独基于钻孔 A-1 试验数据计算的边坡后验失效概率(9.5×10^{-2})，小于单独基于钻孔 A-2 试验数据计算的边坡后验失效概率(0.168)。这表明所获得的岩土体参数后验均值、边坡安全系数和后验失效概率与所利用的试验数据数值大小及样本量有关。一般来说，现场取样获得的试验数据越多，越能降低对岩土体参数不确定性的估计，进而对岩土体参数空间变异性模拟得越准确，对边坡可靠度的评价越切合工程实际。

此外，为了说明钻孔布置方案对边坡可靠度更新的影响，交换钻孔 A-

1 和 A-2 的水平钻孔位置，即 $x_1=55.5$m，$x_2=25.5$m，获得的边坡后验失效概率为 5.07×10^{-2}，比上述方案获得的边坡后验失效概率(0.122)减小了 58.4%，这是因为当钻孔布置方案调整后，获得的 s_u 的后验概率分布发生了变化，进而边坡安全系数概率分布也发生了明显变化(见图 4.9)，这表明钻孔布置方案对边坡可靠度更新也有一定的影响。

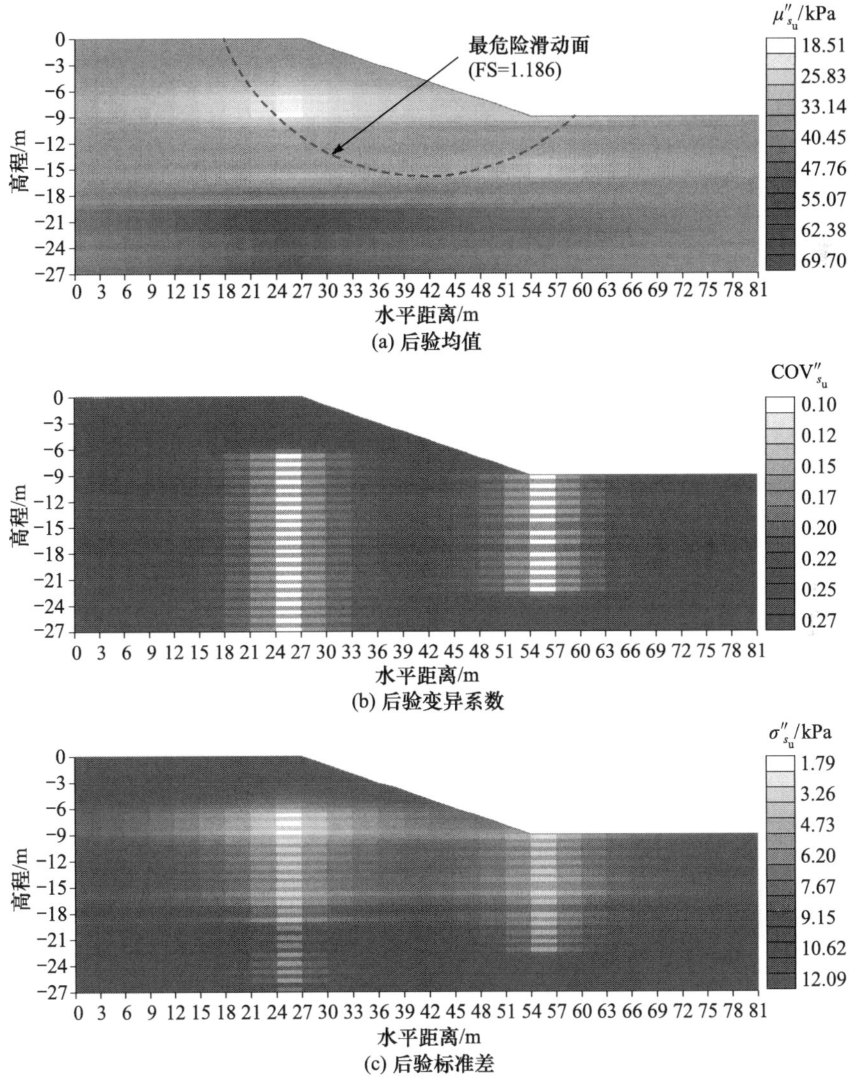

图 4.8　基于钻孔 A-1 和 A-2 试验数据的不排水抗剪强度参数的后验均值、后验变异系数和后验标准差的空间分布

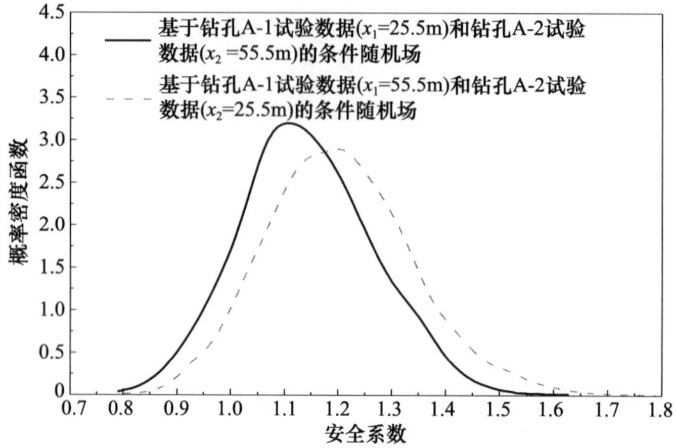

图 4.9 基于钻孔 A-1 和 A-2 试验数据建立条件随机场的安全系数概率密度函数的比较

4.4 本章小结

本章提出了岩土体参数条件随机场模拟的贝叶斯更新方法,并发展了参数条件随机场模拟的解析方法用于验证 BUS 方法的计算精度,通过不排水饱和黏土边坡算例对比验证了 BUS 方法和解析方法的有效性,并探讨了钻孔位置与钻孔布置方案对边坡可靠度更新的影响规律。主要结论如下:

(1) 本章提出的 BUS 方法和解析方法均可有效建立岩土体参数条件随机场,建立的条件随机场不仅可以充分利用少量的现场试验数据更新岩土体参数统计特征,较真实地表征岩土体参数空间变异性,而且能够有效反映岩土体参数均值和标准差沿埋深变化的非平稳分布特性,使得边坡可靠度评价结果更加切合工程实际。

(2) 常用的完全随机场模型不能够准确地表征岩土体参数的空间变异性和预估边坡失效概率,相比之下,条件随机场能够较真实地表征岩土体参数的空间变异性,进而提高对边坡可靠度的计算精度。一般来说,现场取样获得的试验数据越多,越能降低对岩土体参数不确定性的估计,进而对岩土体参数空间变异性的模拟越准确,对边坡可靠度的评价越真实。

(3) 钻孔位置和钻孔布置方案对边坡可靠度更新均有一定的影响。就本章边坡算例而言,现场地质勘查试验选择在坡面附近区域进行钻孔取样,获得的试验数据可对推断空间变异参数后验概率分布及了解地层特性和边坡稳定性能提供更多的信息量。

本章只研究了基于两个钻孔原位 VST 数据的条件随机场建立和边坡可靠度更新评价问题，然而实际工程场地勘查试验所涉及的钻孔数目一般较多，钻孔位置、钻孔间距以及钻孔布置方案的优化设计问题更为复杂，值得进一步研究。

参考文献

[1] Lloret-Cabot M, Hicks M A, van den Eijnden A P. Investigation of the reduction in uncertainty due to soil variability when conditioning a random field using Kriging[J]. Geotechnique Letters, 2012, 2(3): 123-127.

[2] Cao Z J, Wang Y, Li D Q. Quantification of prior knowledge in geotechnical site characterization[J]. Engineering Geology, 2016, 203: 107-116.

[3] Cho S E, Park H C. Effect of spatial variability of cross-correlated soil properties on bearing capacity of strip footing[J]. International Journal for Numerical and Analytical Methods in Geomechanics, 2010, 34(1): 1-26.

[4] Huang J, Kelly R, Li D Q, et al. Updating reliability of single piles and pile groups by load tests[J]. Computers and Geotechnics, 2016, 73: 221-230.

[5] Papaioannou I, Straub D. Learning soil parameters and updating geotechnical reliability estimates under spatial variability-theory and application to shallow foundations[J]. Georisk, 2017, 11(1): 116-128.

[6] Phoon K K, Kulhawy F H. Characterization of geotechnical variability[J]. Canadian Geotechnical Journal, 1999, 36(4): 612-624.

[7] Phoon K K, Kulhawy F H. Evaluation of geotechnical property variability[J]. Canadian Geotechnical Journal, 1999, 36(4): 625-639.

[8] Rackwitz R. Reviewing probabilistic soils modelling[J]. Computers and Geotechnics, 2000, 26(3): 199-223.

[9] Stein M L. Interpolation of Spatial Data: Some Theory for Kriging[M]. New York: Springer Science and Business Media, 1999.

[10] El-Ramly H, Morgenstern N R, Cruden D M. Probabilistic slope stability analysis for practice[J]. Canadian Geotechnical Journal, 2002, 39(3): 665-683.

[11] DeGroot D J, Baecher G B. Estimating autocovariance of in-situ soil properties[J]. Journal of Geotechnical Engineering, 1993, 119(1): 147-166.

[12] Jiang S H, Huang J, Huang F, et al. Modelling of spatial variability of soil undrained shear strength by conditional random fields for slope reliability analysis[J]. Applied Mathematical Modelling, 2018, 63:374-389.

[13] Asaoka A, Grivas D A. Spatial variability of the undrained strength of clays[J]. Journal of Geotechnical Engineering Division, 1982, 108(5):743-756.

[14] der Kiureghian A, Ke J B. The stochastic finite element method in structural reliability[J]. Probabilistic Engineering Mechanics, 1988, 3(2):83-91.

[15] Griffiths D V, Yu X. Another look at the stability of slopes with linearly increasing undrained strength[J]. Géotechnique, 2015, 65(10):824-830.

第5章　边坡参数概率反演及可靠度更新

岩土工程地质勘查试验一般只能获得有限的试验数据，据此难以真实地量化岩土体参数固有的空间变异性。概率反演分析能够有效考虑岩土体参数的不确定性，融合现场和室内试验数据、监测数据及观测信息等更新岩土体参数统计特征，进而使得边坡变形及稳定可靠度评价更为切合工程实际，然而目前的岩土体参数概率反演分析大多忽略了参数固有空间变异性的影响。本章基于 aBUS 方法建立边坡岩土体参数概率反演及可靠度更新的一体化分析框架，实现了基于室内和现场不同来源的试验数据、滑动面位置及边坡失稳现场观测信息概率反演空间变异参数统计特征进而更新边坡可靠度评价，以三个代表性边坡为例说明所建立的分析框架的有效性。结果表明，借助 aBUS 方法可以实现空间变异边坡参数概率反演与可靠度更新的一体化，基于有限的多源试验数据和观测信息概率反演得到的岩土体参数和边坡后验失效概率与工程实际吻合。受岩土体参数空间自相关性的影响，钻孔取样点附近区域参数统计特征受试验数据的影响明显大于距离取样点较远区域。

5.1　引　　言

边坡稳定性分析是岩土工程中十分重要的问题，然而边坡工程中存在多种不确定性，包括物理不确定性和样本量不足引起的测量不确定性及模型转换不确定性，已成为制约边坡稳定性准确评价的关键因素，可靠度分析因能够定量地描述这些不确定性因素对边坡稳定性的影响，近年来在岩土工程领域备受关注。大量研究表明，边坡失效概率与岩土体参数统计特征(如均值、标准差、概率分布、互相关系数、自相关函数和波动范围等)密切相关。为了准确评价边坡稳定性，工程实际中通常需要提前基于现场和室内试验数据，边坡变形、应力、孔隙水压、加固力和裂缝开度等现场监测数据，边坡安全状态(稳定与失稳)及滑动面位置等现场观测信息，专家经验及文献资料等多源信息反演获得较为切合工程实际的岩土力学参数。然而，受工程勘查成本和采样场地等内在和外在因素的限制，大多数情况下只能获得某一特定场地少量的现场和室内试验数据等[1]。基于有限的场地信息一般难以准确推断岩土体参数概率分布和量化参数的不确定性,特别是需要客观描述岩土体参数固有的空间变异性和非平稳分布特征。

贝叶斯方法能够将岩土体参数先验信息和有限的场地信息有机结合,为反演符合工程实际的岩土力学参数提供了一条有效的途径,目前考虑岩土体参数不确定性的参数概率反演研究主要包括以下三个方面:

(1) 基于现场或室内试验数据的岩土体参数概率反演。

(2) 基于监测数据的岩土体参数概率反演。

(3) 基于现场观测信息的岩土体参数概率反演。

尽管目前关于考虑岩土体参数不确定性的参数概率反演研究取得了可喜的进展,但是仍然存在以下不足:

(1) 大多没有考虑岩土体参数空间变异性和非平稳分布特征的影响。

(2) 对于同一岩土场地,不仅可以获得现场地质勘查试验数据,还可通过现场取样辅助室内试验获得相关试验数据,这些宝贵的试验数据对了解地层特性和边坡安全水平非常重要,但是关于融合多源场地信息的边坡参数概率反演及可靠度更新研究较少。

(3) 常用的参数概率反演方法如最大后验估计方法、ML 方法和 MCMC 方法等对于高维参数概率反演问题的计算效率低、计算精度差,因此需要解决考虑岩土体参数空间变异性的边坡参数概率反演及可靠度更新难题。

(4) 参数反演分析过程中一般需要调用有限元等数值模型进行多次确定性边坡变形或稳定性分析,这对于复杂边坡来说计算量非常可观,为提高计算效率,需要提前建立输出响应量代理模型即边坡安全系数和变形量等与输入参数之间的显式函数关系代替确定性分析。

本章基于 aBUS 方法建立空间变异边坡参数概率反演及可靠度更新的一体化分析框架,基于第 3 章岩土体参数非平稳随机场模型描述输入参数先验信息,通过融合某岩土场地的室内和现场试验数据以及边坡失稳和滑动面位置等现场观测信息概率反演空间变异参数并更新边坡可靠度评价。

5.2 参数先验信息及似然函数

5.2.1 参数先验信息

岩土体参数先验信息对边坡参数概率反演及可靠度更新具有重要的影

响，本节采用第 3 章非平稳随机场模型描述不排水抗剪强度参数的先验信息。模型参数取值如下：由文献[2]可知，软、硬和很硬塑性无机黏土层的不固结黏聚力的变化范围分别为 10～20kPa、20～50kPa 和 50～100kPa，以软塑性无机黏土层为例，采用对数正态随机变量模拟 s_{u0} 的不确定性，并将对应的下限值 10kPa 和上限值 20kPa 分别取为 s_{u0} 的 10% 和 90% 分位数，据此可得到 s_{u0} 的先验均值 $\mu'_{s_{u0}}$ 和先验标准差 $\sigma'_{s_{u0}}$ 分别为 14.669kPa 和 4.041kPa。根据 Ng 等[3]关于趋势分量 s_u/σ'_v 取值范围的统计结果，将 0.1 和 0.5 分别取为趋势分量参数 t 的 10% 和 90% 分位数，采用对数正态随机变量模拟 t 的不确定性，据此可得 t 的先验均值 μ'_t 和标准差 σ'_t 分别为 0.272 和 0.189，与 Cao 等[4]统计的 s_u/σ'_v 均值和标准差的变化范围 0.23～1.4 和 0.01～1.26 非常吻合。

采用先验均值 $\mu'_w=0$ 和标准差 $\sigma'_w=\sqrt{\ln(\delta^2+1)}\approx\delta$ 的平稳正态随机场模拟随机波动分量 $w(\boldsymbol{q})$ 的不确定性，其中 δ 为 s_u/σ'_v 的变异系数，即不排水抗剪强度参数去趋势分量后固有的变异性。根据由文献[5]和[6]可知，通过室内 UUT 获得的 s_u 的变异系数 δ 的变化范围为 0.1～0.3，通过现场 VST 获得的 s_u 的变异系数 δ 的变化范围为 0.04～0.44，均值为 0.24，综上取 $\sigma'_w\approx\delta=0.24$。另外，也可采用式(3.12)所示的二维可分离型指数型自相关函数模拟 $w(\boldsymbol{q})$ 的空间自相关性。根据文献[5]和[7]可知，通过 VST 获得的不排水抗剪强度参数的垂直波动范围 λ_v 的变化范围为 2.0～6.2m，均值为 3.8m，并且水平波动范围一般为垂直波动范围的 10 倍，故描述 s_u 先验信息时取 $\lambda_h=38$m 和 $\lambda_v=3.8$m。

5.2.2　基于多源试验数据的似然函数构建

以不排水抗剪强度参数 s_u 的室内 UUT 数据和现场 VST 数据为例，由文献[8]可知，测量误差 ε_i^m 通常相互独立并且服从均值为 0、标准差为某一常数的正态分布。测量误差的标准差通常难以获得，并且文献中也几乎没有关于测量误差标准差的报道。因此，为了避免计算测量误差的标准差，对于 UUT 数据，采用一个乘法关系来表示 q_i^m 处的不排水抗剪强度参数试验数据 $s_{u,i}^m$ 和模拟值 $s_u(q_i^m)$ 之间的关系[9]：

$$s_{u,i}^m=s_u(q_i^m)\varepsilon_i^m,\quad i=1,2,\cdots,n_1 \tag{5.1}$$

式中，$i=1,2,\cdots,n_1$，n_1 为 UUT 样本量；$q_i^m=(x_i^m,z_i^m)$ 为二维空间区域内第 i 个钻孔取样点；$s_u(q_i^m)$ 为不排水抗剪强度参数在 q_i^m 处的模拟值。

一般来说，试验装置与仪器问题以及人为操作不当引起的不同试验测量误差$\varepsilon_i^{\mathrm{m}}$之间相互独立[10]，可假设 $\varepsilon_i^{\mathrm{m}}$ 服从中值为 1、标准差为某一常数的对数正态分布。据此，基于 n_1 组室内 UUT 数据可建立似然函数为

$$L(\boldsymbol{x})=k_1\exp\left\{-\sum_{i=1}^{n_1}\frac{[\ln s_{\mathrm{u},i}^{\mathrm{m}}-\ln s_{\mathrm{u}}(q_i^{\mathrm{m}})]^2}{2\sigma_{\ln\varepsilon_i^{\mathrm{m}}}^2}\right\} \tag{5.2}$$

式中，$k_1=[(2\pi)^{n_1/2}\sigma_{\ln\varepsilon_i^{\mathrm{m}}}^{n_1}]^{-1}$，为比例常数；$\sigma_{\ln\varepsilon_i^{\mathrm{m}}}$ 为 $\ln\varepsilon_i^{\mathrm{m}}$ 的标准差，计算表达式为

$$\sigma_{\ln\varepsilon_i^{\mathrm{m}}}=\sqrt{\ln(1+\mathrm{COV}_{\varepsilon_i^{\mathrm{m}}}^2)} \tag{5.3}$$

式中，$\mathrm{COV}_{\varepsilon_i^{\mathrm{m}}}$为测量误差 $\varepsilon_i^{\mathrm{m}}$ 的变异系数。

由文献[6]可知，对于室内 UUT，$\mathrm{COV}_{\varepsilon_i^{\mathrm{m}}}$的变化范围为 0.05～0.15，本章取 $\mathrm{COV}_{\varepsilon_i^{\mathrm{m}}}=0.05$。相比于室内试验，通过现场 VST 获得的空间某一位置 q_i^{m} 处的 $s_{\mathrm{u},i}^{\mathrm{m}}$与测量不确定性和模型转换不确定性引起的总误差 ε_i 之间也存在如下乘法关系[9]：

$$s_{\mathrm{u},i}^{\mathrm{m}}=s_{\mathrm{u}}(q_i^{\mathrm{m}})\varepsilon_i,\quad i=1,2,\cdots,n_2 \tag{5.4}$$

式中，$i=1,2,\cdots,n_2$，n_2 为 VST 样本量。

为方便计算，式(5.4)可表示为

$$\ln\varepsilon_i=\ln s_{\mathrm{u},i}^{\mathrm{m}}-\ln s_{\mathrm{u}}(q_i^{\mathrm{m}}) \tag{5.5}$$

根据一阶近似，将每个取样点处总误差 ε_i 的自然对数近似表示为测量误差 $\varepsilon_i^{\mathrm{m}}$ 和模型转换误差$\varepsilon_i^{\mathrm{t}}$ 的自然对数的线性关系，即

$$\ln\varepsilon_i=\ln\varepsilon_i^{\mathrm{m}}+\ln\varepsilon_i^{\mathrm{t}} \tag{5.6}$$

由于同一土层不同取样点处的模型转换误差 $\varepsilon_i^{\mathrm{t}}$ 完全相关[11]，同一取样点处的测量误差 $\varepsilon_i^{\mathrm{m}}$ 与模型转换误差 $\varepsilon_i^{\mathrm{t}}$ 之间通常相互独立，由此可推导不同取样点处的总误差 ε_i之间存在一定的相关性。根据式(5.6)，可推导任意两个钻孔取样点 q_i^{m} 和 q_j^{m} 处的 $\ln\varepsilon_i$ 和 $\ln\varepsilon_j$ 之间的相关系数 $\rho_{\ln\varepsilon_i,\ln\varepsilon_j}$为

$$\rho_{\ln\varepsilon_i,\ln\varepsilon_j}=\frac{\ln(\mathrm{COV}_{\varepsilon_i^{\mathrm{t}}}^2+1)}{\ln(\mathrm{COV}_{\varepsilon_i^{\mathrm{m}}}^2+1)+\ln(\mathrm{COV}_{\varepsilon_i^{\mathrm{t}}}^2+1)} \tag{5.7}$$

式中，$\mathrm{COV}_{\varepsilon_i^{\mathrm{t}}}$为模型转换误差的变异系数。

由文献[6]可知，对于现场 VST，$\mathrm{COV}_{\varepsilon_i^{\mathrm{m}}}$ 和 $\mathrm{COV}_{\varepsilon_i^{\mathrm{t}}}$ 的变化范围分别为 0.1～0.2 和 0.075～0.15，本章分别取 $\mathrm{COV}_{\varepsilon_i^{\mathrm{m}}}=0.1$ 和 $\mathrm{COV}_{\varepsilon_i^{\mathrm{t}}}=0.075$。同样，假设 ε_i 服从中值为 1、标准差为某一常数的对数正态分布，相应的 $\ln\varepsilon_i$ 服从均值为 0、标准差为 $\sigma_{\ln\varepsilon_i}$ 的联合正态分布，进而可推导任意两个钻孔取

样点 q_i^{m} 和 q_j^{m} 处的 $\ln\varepsilon_i$ 和 $\ln\varepsilon_j$ 之间的协方差 $\Sigma_{i,j}$ 为

$$\Sigma_{i,j}=\begin{cases}\ln(\mathrm{COV}_{\varepsilon_i^{\mathrm{m}}}^2+1)+\ln(\mathrm{COV}_{\varepsilon_i^{\mathrm{t}}}^2+1), & i=j\\ \ln(\mathrm{COV}_{\varepsilon_i^{\mathrm{t}}}^2+1), & i\neq j\end{cases}\tag{5.8}$$

基于试验误差 ε_i 的统计特征，可基于 n_2 组现场 VST 数据建立对应的似然函数为

$$L(\boldsymbol{x})=k_2\exp\left\{-\frac{1}{2}\left[\ln\boldsymbol{s}_{\mathrm{u}}^{\mathrm{m}}-\ln\boldsymbol{s}_{\mathrm{u}}(\boldsymbol{q}^{\mathrm{m}})\right]^{\mathrm{T}}\boldsymbol{\Sigma}^{-1}\left[\ln\boldsymbol{s}_{\mathrm{u}}^{\mathrm{m}}-\ln\boldsymbol{s}_{\mathrm{u}}(\boldsymbol{q}^{\mathrm{m}})\right]\right\}\tag{5.9}$$

式中，$k_2=[(2\pi)^{n_2/2}|\boldsymbol{\Sigma}|^{1/2}]^{-1}$，为比例常数；$\boldsymbol{s}_{\mathrm{u}}^{\mathrm{m}}=[s_{\mathrm{u},1}^{\mathrm{m}},s_{\mathrm{u},2}^{\mathrm{m}},\cdots,s_{\mathrm{u},n_2}^{\mathrm{m}}]^{\mathrm{T}}$；$\boldsymbol{q}^{\mathrm{m}}=[q_1^{\mathrm{m}},q_2^{\mathrm{m}},\cdots,q_{n_2}^{\mathrm{m}}]^{\mathrm{T}}$；$\boldsymbol{\Sigma}^{-1}$ 为协方差矩阵 $\boldsymbol{\Sigma}$ 的逆矩阵，其中 $\boldsymbol{\Sigma}$ 可由式(5.8)计算得到。

5.2.3　基于现场观测信息的似然函数构建

以边坡服役状态(安全、失稳)现场观测信息为例，由于采用极限平衡或有限元方法进行边坡稳定性分析计算安全系数不可避免地存在一定的模型误差，考虑模型误差影响的边坡真实安全系数 y 可表达为[12,13]

$$y=\mathrm{FS}(\boldsymbol{x})+\zeta\tag{5.10}$$

式中，y 为边坡真实安全系数；$\mathrm{FS}(\boldsymbol{x})$ 为边坡安全系数计算值，其中 $\boldsymbol{x}$ 为维度为 n 的输入随机向量 $\boldsymbol{X}$ 的实现值；ζ 为表征模型不确定性的模型校正系数。

假设 ζ 服从均值为 μ_ζ、标准差为 σ_ζ 的正态分布，如果边坡真实安全系数 y 等于 Y，相应的似然函数可表示为输入随机向量 $\boldsymbol{X}$ 的条件概率密度函数：

$$L(\boldsymbol{x})=\phi\left(\frac{\mathrm{FS}(\boldsymbol{x})+\mu_\zeta-Y}{\sigma_\zeta}\right)\tag{5.11}$$

式中，$\phi(\cdot)$ 为标准正态变量的概率密度函数。

由文献[12]和[13]可知，尽管工程实际中边坡失稳判定标准可能存在一定的不确定性，但是理论上边坡失稳便意味着边坡在失稳时刻的安全系数等于 1.0。如果边坡失稳判定标准能够被准确确定，那么其不确定性将会最小，由此可建立预测边坡失稳概率的似然函数为

$$L(\boldsymbol{x})=\phi\left(\frac{\mathrm{FS}(\boldsymbol{x})+\mu_\zeta-1.0}{\sigma_\zeta}\right)\tag{5.12}$$

5.3 算例分析

5.3.1 不排水饱和黏土边坡

1. 基于平稳正态随机场的参数先验信息

以一个不排水饱和黏土边坡为例进一步说明提出方法融合现场试验数据推断空间变异土体参数概率分布的有效性。第 3 章考虑了土体参数非平稳分布特征的影响对该边坡稳定进行了可靠度分析，边坡计算模型如图 5.1 所示，坡高为 10m，坡度为 1∶2，土体重度视为常量，取 $\gamma_{sat}=20\text{kN/m}^3$。将不排水抗剪强度参数 s_u 模拟为均值为 40kPa、标准差为 0.25 的正态平稳随机场。采用式(3.12)所示的二维指数型自相关函数模拟 s_u 的空间自相关性，水平波动范围和垂直波动范围分别取 38m 和 3.8m。将边坡区域共剖分为 910 个水平尺寸为 2.0m、垂直尺寸为 0.5m 的四边形和三角形混合随机场单元。基于参数先验均值采用简化毕肖普法计算的边坡安全系数为 1.182，与 Wang 等[14]采用普通瑞典条分法计算的 1.178 吻合。

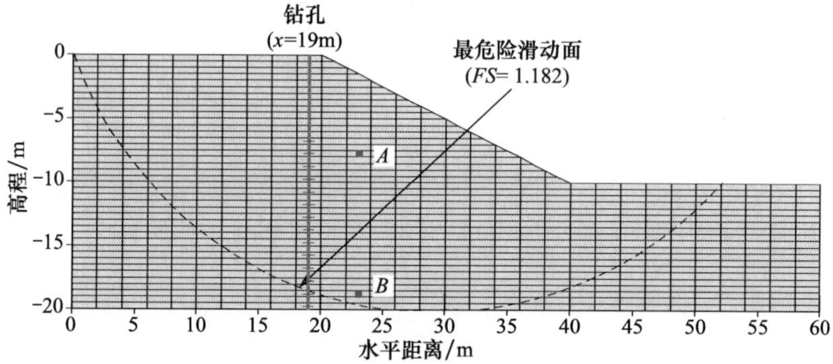

图 5.1 坡高 10m 的均质边坡计算模型及稳定性分析结果

选用文献[15]从某高速公路附近场地通过 VST 获得的钻孔 A-1 的 14 组不排水抗剪强度参数试验数据，如图 5.2 所示，推断 s_u 的后验概率分布，假设该钻孔位于边坡水平位置 $x=19\text{m}$ 处，如图 5.1 所示。

基于 14 组试验数据构建式(2.11)所示的似然函数，其中取测量误差的标准差 $\sigma_{\varepsilon_i^m}=2.0\text{kPa}$ 和相关系数 $\rho_{\varepsilon_i^m,\varepsilon_j^m}=0$，基于似然函数和 s_u 的先验信息采用提出的 aBUS 方法推断 s_u 的后验概率分布。为了平衡计算精度和效率，取 $N_1=1000$ 和 $p_0=0.1$ 重复进行 10 次独立的子集模拟计算。提出的方法共需要进行 6 层子集模拟计算才达到失效区域 Ω_Z，接受概率为 $P_A=1.0\times10^{-6}$。接受概率如此小的原因是沿埋深分布的 VST 数据与 s_u 的先验均值(40kPa)差别非常大，如图 5.2 所示[15]。

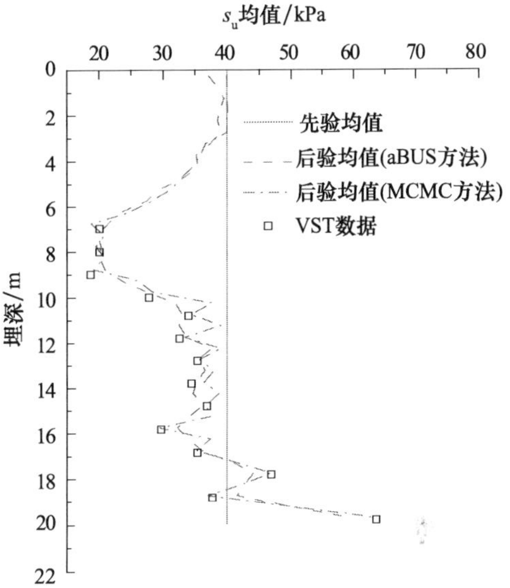

图 5.2　14 组不排水抗剪强度参数 VST 数据[15]

取 aBUS 方法中一次独立的子集模拟($N_1=1000$)为例，子集模拟计算终止的最后一层($m=6$)阈值 $b_6=-53.86$。图 5.3 给出了 $\ln P(Z>b)$ 函数值随阈值 b 的变化关系，斜率为 −1 的直线也列入图中用于比较。由图 5.3 可知，随 b 的增加，$\ln P(Z>b)$ 函数曲线由最初接近于 0 逐渐突变为斜率为 −1 的递减直线。根据式(2.63)，$\ln P(Z>b)$ 函数值突变为斜率为 −1 的直线的拐点所对应的阈值 b 即为 $b_{\min}$。可知，$b_{\min}\approx-55$(见图 5.3)，即 $b_m>b_{\min}$，验证了本书第 2 章所建立的定量自适应计算终止条件的合理性，也说明了 aBUS 方法可在无需提前确定似然函数乘子的前提下获得服从目标概率分布的失效样本，进而推断岩土体参数的概率分布。

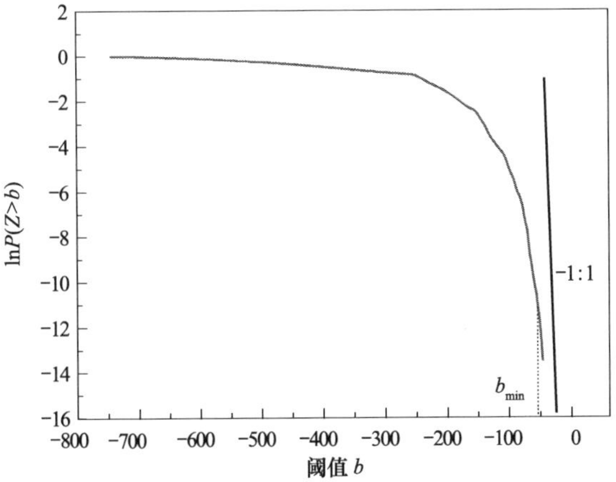

图 5.3　不排水黏土边坡 $\ln P(Z>b)$ 函数值随阈值 b 的变化关系

下面采用 MCMC 方法[16]验证提出方法的有效性。图 5.4(a)～(d)比较了采用 aBUS 和 MCMC 方法概率反演得到的不排水抗剪强度参数后验均值μ''_{s_u}和后验标准差σ''_{s_u}的空间分布，图中颜色较深部分表示统计参数值较大区域，颜色较浅部分表示统计参数值较小区域。一旦考虑现场 VST 数据的作用，获得的μ''_{s_u}和σ''_{s_u}沿整个边坡剖面尤其是在钻孔周围变化非常明显，因此更新的 s_u 随机场不再是平稳随机场。另外，由 aBUS 方法和 MCMC 方法反演得到的μ''_{s_u}和σ''_{s_u}在边坡剖面任意位置上的变化趋势基本一致，而μ''_{s_u}和σ''_{s_u}量值以及基于μ''_{s_u}计算的边坡安全系数不同。σ''_{s_u}值在钻孔取样点处最小并且接近于$\sigma_{\varepsilon_i}=2.0$kPa，同时$\sigma''_{s_u}$随着与钻孔取样点之间距离的增大而逐渐增加并最终近似等于$\sigma'_{s_u}=10$kPa。为了说明提出方法的有效性，图 5.2 进一步比较了采用 aBUS 方法和 MCMC 方法反演得到的μ''_{s_u}沿土体埋深的变化趋势曲线。显然，由 aBUS 方法反演得到的μ''_{s_u}比由 MCMC 方法反演得到的μ''_{s_u}更与现场 VST 数据吻合，表明提出方法能够有效地基于现场试验数据更新空间变异土体参数的统计特征。

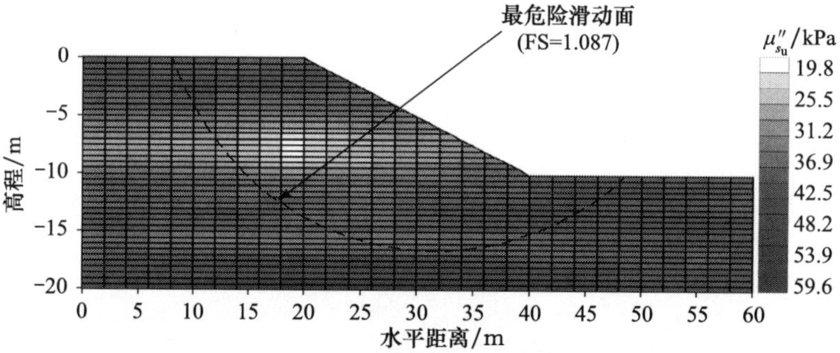

(a) 后验均值(aBUS方法)

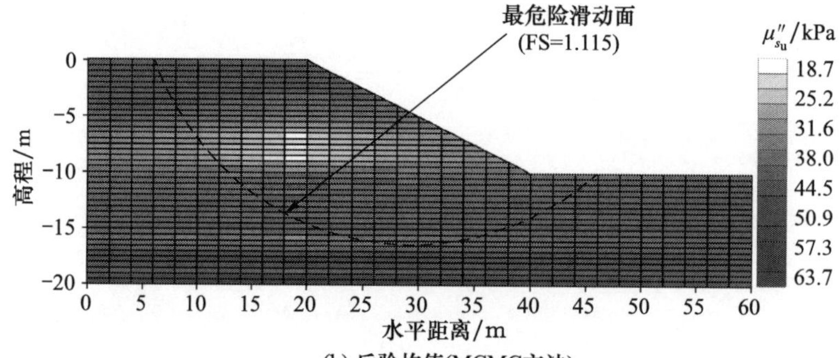

(b) 后验均值(MCMC方法)

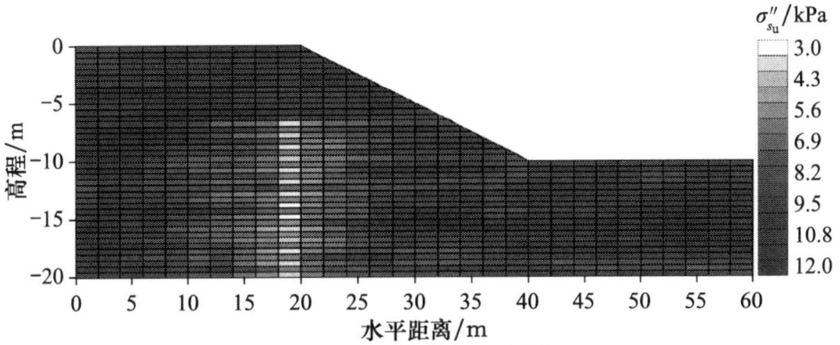

(c) 后验标准差(aBUS方法)

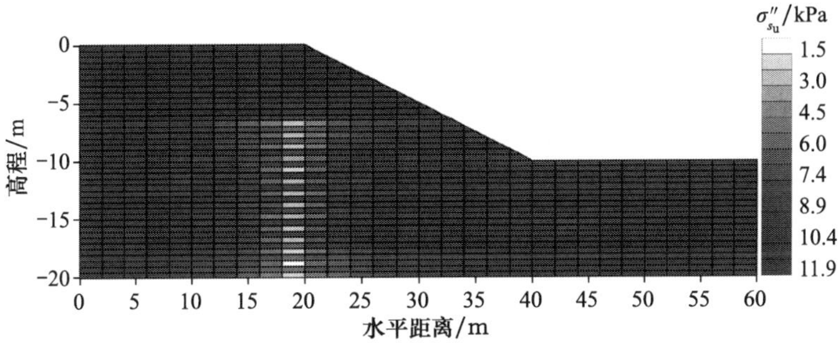

(d) 后验标准差(MCMC方法)

图 5.4　不排水抗剪强度参数后验均值和后验标准差的空间分布比较

以边坡区域内的任意两点 $A(x=23\text{m}, z=-7.75\text{m})$ 和 $B(x=23\text{m}, z=-19.25\text{m})$ 为例(见图 5.1)，图 5.5 比较了采用提出的 aBUS 方法和 MCMC 方法分别推断的不同位置处不排水抗剪强度参数后验概率密度函数，同时对应的先验概率密度函数也列入图中用于比较。由图 5.5 可知，采用 aBUS 方法与 MCMC 方法推断的 s_u 后验概率密度函数的两端尾部基本吻合。与先验概率分布相比，参数后验概率分布也更为集中，离散性更小，标准差明显减小，但是均值有的减小也有的增加，这主要是由试验数据量值所决定。相比于 MCMC 方法，aBUS 方法可以较好地推断含有多个峰值(多模态)的 s_u 后验概率分布。如第 2 章所述，MCMC 方法产生的马尔可夫链前期有一段较长的波动段，在一定程度上影响了计算效率与精度，并且用于产生候选样本的建议概率分布中缩尺参数对样本接受率具有一定的影响[12]。此外，为获得图 5.5 中所示的 s_u 后验概率密度函数，MCMC 方法针对每个变量产生 100 万组随机样本，由于本例参数随机场共离散了 910 个随机变量，MCMC 方法总共需要调用 91000 万次似然函数计算。相比之下，aBUS 方法重复进行 10 次独立的外部子集模拟(N_1=1000)和内部子集模拟(N_1=500)计算,最多需要调用 27.85 万次似然函数计算便可产生接受概率为 10^{-6}量级的后验随机样本。由此可见,aBUS 方法的计算效率显著高于 MCMC 方法,尤其对于考虑参数空间变异性的高维参数概率分布推断问题。

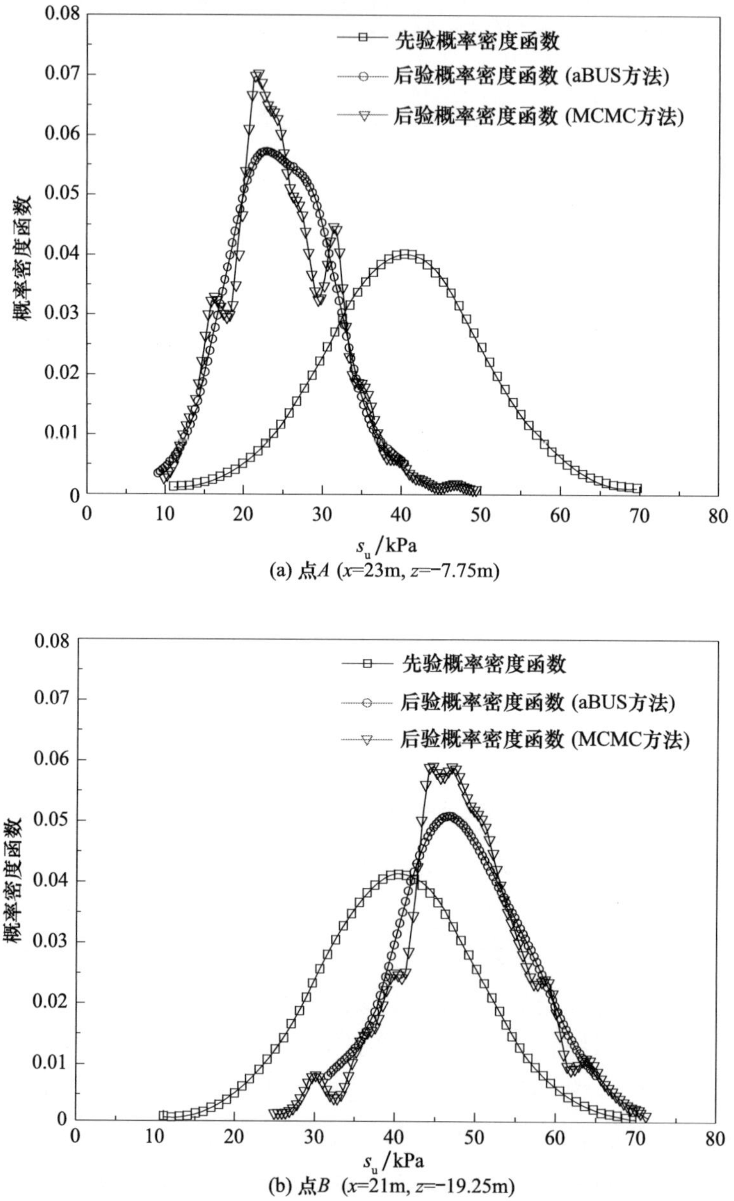

图 5.5　不同位置处不排水抗剪强度参数后验概率密度函数的比较

为了探讨试验数据间的相关性即测量误差间的相关性对边坡参数不确定性估计及可靠度更新的影响，图 5.6 给出了参数不确定性折减比例及边坡后验失效概率随测量误差间相关系数的变化关系，其中参数不确定性折减比例按照文献[16]给出的公式进行计算。由图 5.6 可知，测量误差间的相关性对边坡参数不确定性估计及可靠度均有一定的影响，考虑测量误差间的相关性，土体参数不确定性被折减的比例减小。如果测量误差之间存在正相关关系，假定试验数据相互独立则会高估边坡后验失效概率；相反，如果测量误差之间存在负相关关系，假定试验数据相互独立则会低估边坡后验失效概率。

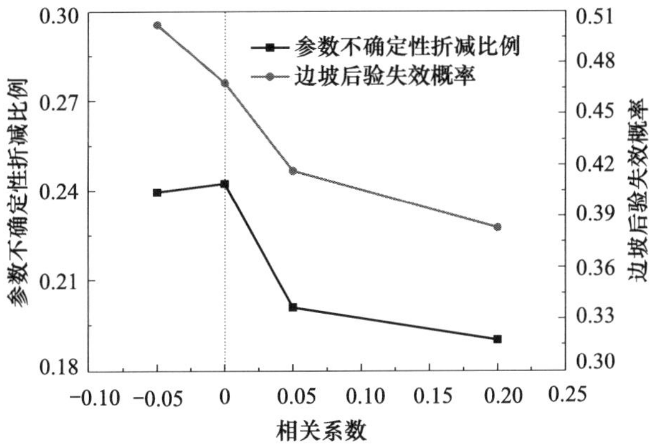

图 5.6　参数不确定性折减比例及边坡后验失效概率随测量误差间相关系数的变化关系

2. 基于非平稳对数正态随机场的参数先验信息

以不排水饱和黏土边坡为例来进一步验证 aBUS 方法所建立的分析框架的有效性，边坡计算模型如图 5.7 所示，坡高为 9m，坡度为 1∶3。采用第 3 章建立的非平稳随机场模型 5 表征不排水抗剪强度参数 s_u 的二维各向异性空间变异性，模型参数先验信息如表 5.1 所示。土体重度视为常量，取 $\gamma_{sat}=20kN/m^3$。并且将边坡区域共剖分为 1224 个水平尺寸 $l_x=3.0m$ 和垂直尺寸 $l_z=0.5m$ 的四边形和三角形混合随机场单元，随机场单元网格如图 5.7 所示。由第 4 章可知，边坡区域所离散的随机场单元尺寸($l_x/\lambda_h=3.0/38=0.08$ 和 $l_z/\lambda_v=0.5/3.8=0.13$)可满足计算精度要求。

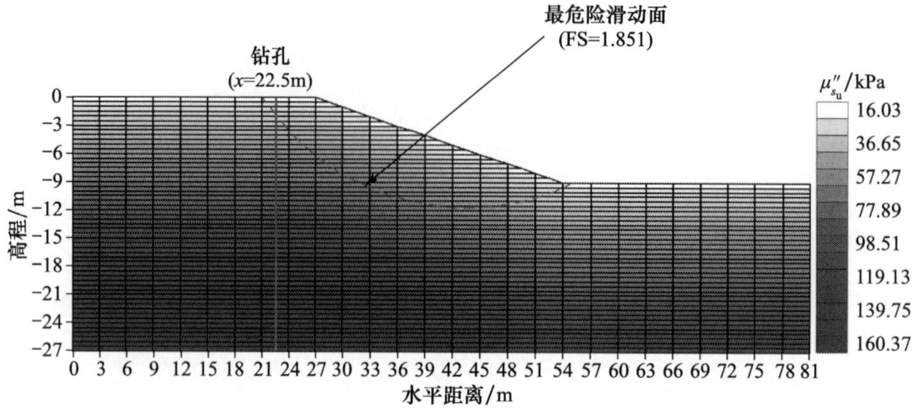

图 5.7 坡高 9m 的非均质边坡计算模型及稳定性分析结果

表 5.1 非平稳随机场模型参数先验信息

输入参数	概率模型	统计信息
s_{u0}	对数正态随机变量	$\mu_{s_{u0}}=14.67$kPa, $\sigma_{s_{u0}}=4.04$kPa
t	对数正态随机变量	$\mu_t=0.272$, $\sigma_t=0.189$
$w(\boldsymbol{q})$	平稳高斯随机场	$\mu_w=0$, $\sigma_w=0.24$ $\lambda_h=38$m, $\lambda_v=3.8$m

岩土工程实际中为了解边坡稳定性状况，通常首先在某特定场地上开展相关现场地质勘查试验，必要时辅助开展室内试验，再根据现场和室内试验结果来反演空间变异参数统计特征进而更新边坡可靠度评价。以 Ching 等[1]收集的某黏土场地的不排水抗剪强度参数 s_u 的室内 UUT 和现场 VST 数据为例，采用 aBUS 方法进行空间变异边坡参数统计特征概率反演及可靠度更新。图 5.8 给出了不排水抗剪强度参数的 UUT 和 VST 数据，可见试验数据的量值随埋深总体呈增加的趋势，其中 VST 数据的离散性相对来说更大。为了确保 UUT 和 VST 数据适用于图 5.7 所示的边坡模型，假设图 5.7 所示的边坡模型是很久以前在某黏土场地上开挖得到，边坡表面的上覆土压力已充分释放。当然，aBUS 方法也可以应用到其他情况，如现场试验数据在边坡开挖之前获取或者从一个新开挖不久的边坡中获取。

不融合试验数据等场地信息，直接基于不排水抗剪强度参数 s_u 的先验信息计算边坡安全系数和先验失效概率。根据式(3.11)可以得到 s_u 的先验均值 μ'_{s_u}，将其赋给边坡稳定性模型，如图 5.7 所示，图中颜色较深部分表示参数值较大区域，颜色较浅部分表示参数值较小区域。在此基础上，采用简

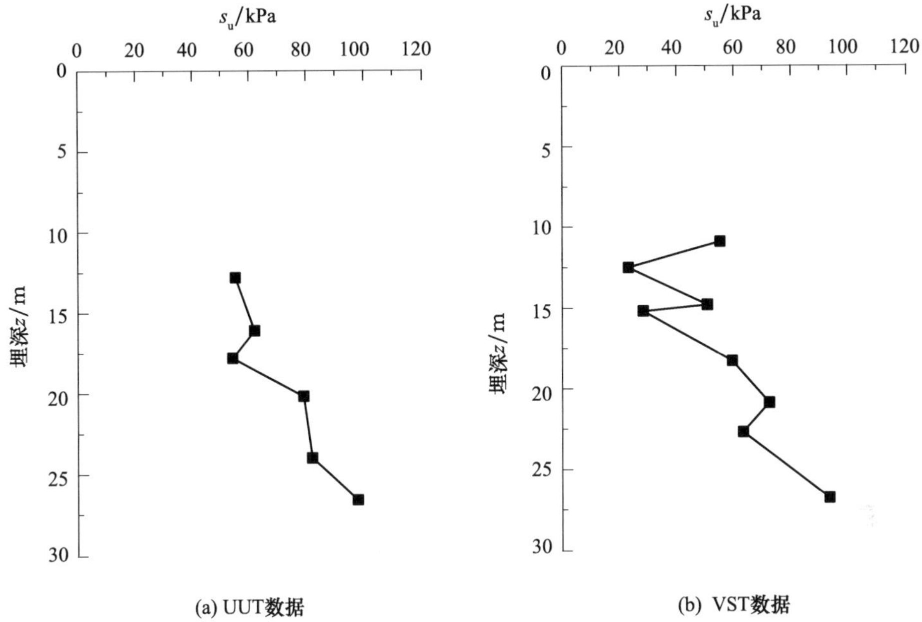

图 5.8　不排水抗剪强度参数的 UUT 和 VST 数据[1]

化毕肖普法计算的边坡安全系数为 1.851，最危险滑动面不受边坡边界条件的约束，如图 5.7 虚线所示，表现为沿坡趾发生浅层失稳破坏，与实际情况吻合。此外，模拟二维非平稳随机场 $\boldsymbol{s}_u(\boldsymbol{q})$ 实现值，采用子集模拟计算边坡先验失效概率 $P(\Omega_F)$。为保证计算精度，子集模拟每层样本数目和条件概率分别取 $N_1=2000$ 和 $p_0=0.1$，重复进行 20 次独立的子集模拟计算取平均值，得到 $P(\Omega_F)=9.5\times10^{-2}$。

在边坡表面任意选取某一钻孔位置，以 $x=22.5$m 为例，钻孔位置如图 5.7 所示，假设从该钻孔可获得图 5.8(a)的 6 组 UUT 数据和图 5.8(b)的 8 组 VST 数据。然后分别基于 UUT 数据、VST 数据和 UUT 与 VST 联合数据，采用 aBUS 方法概率反演空间变异参数统计特征。接着 aBUS 方法将复杂的贝叶斯更新问题转换为失效区域，如式(2.44)所示，含 1227 个随机变量的等效结构可靠度问题，再将参数先验信息作为输入采用子集模拟求解，并利用从最后一层获得的 1226 个随机变量对应的后验样本来估计参数后验概率分布。为了保证计算精度，计算参数后验统计特征和边坡后验失效概率时，子集模拟同样取 $N_1=2000$ 和 $p_0=0.1$，重复进行 20次独立子集模拟计算取平均值作为最终计算结果。

图 5.9 给出了随机波动分量 $w(\boldsymbol{q})$ 的后验均值 μ''_w 和后验标准差 σ''_w 的空

间分布，同样图中颜色较深部分表示统计参数值较大区域，颜色较浅部分表示统计参数值较小区域。由图 5.9 可知，一旦融合试验数据，概率反演获得的随机场 $w(\boldsymbol{q})$ 不再是平稳随机场，因为其均值和标准差不再是固定的常数，在整个边坡区域内尤其在钻孔取样点附近发生了明显的变化。此外，虽然基于单源(UUT 或者 VST)数据得到的后验标准差 σ''_w 在钻孔取样点附近明显小于先验标准差 σ'_w(0.24)，但是距离取样点较远区域的 σ''_w 仍接近于 σ'_w，见图 5.9(b)和(d)。相比之下，基于多源(UUT 和 VST)联合数据得到的 σ''_w 在整个边坡剖面上均明显小于 σ'_w(0.24)，见图 5.9(f)。

图 5.10 比较了利用 3 种不同来源试验数据获得的 s_{u0} 和参数 t 的后验概率密度函数，s_{u0} 和参数 t 的先验概率密度函数也分别列入图 5.10 中用于比较。由图 5.10 可知，获得的后验概率分布因有效兼顾了 UUT 和 VST 数据的影响，比先验概率分布更为集中，离散性更小。UUT 和 VST 联合数据对 s_{u0} 概率分布的影响较小，而对参数 t 概率分布的影响较大，其不确定性明显减小。基于 UUT 和 VST 联合数据进行贝叶斯更新，s_{u0} 的标准差减小了

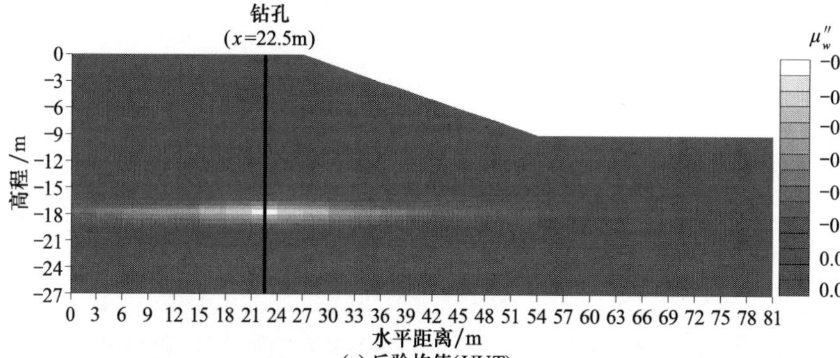

(a) 后验均值(UUT)

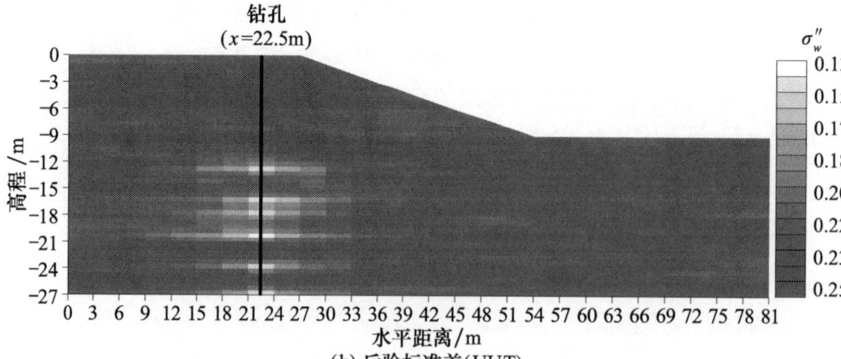

(b) 后验标准差(UUT)

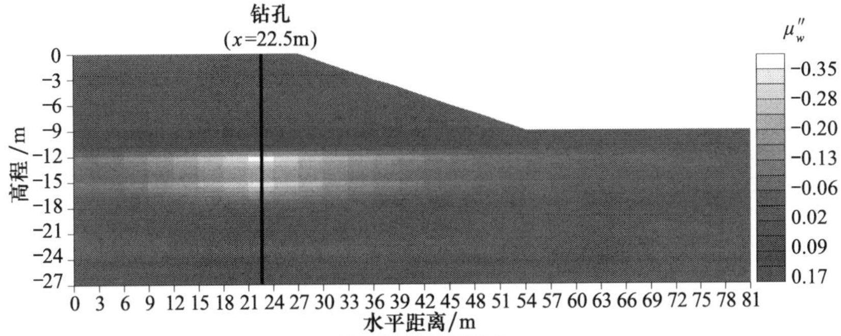

(c) 后验均值(VST)

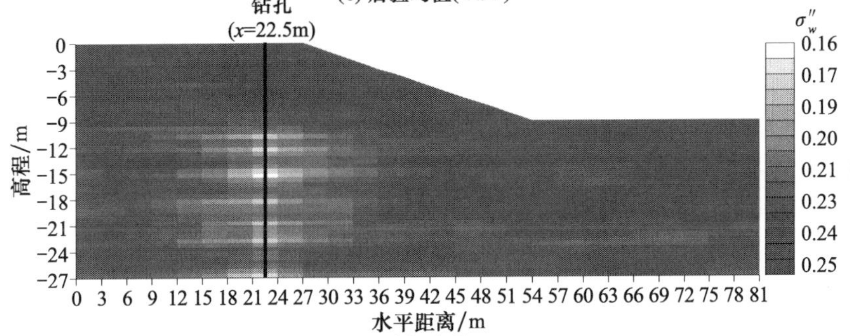

(d) 后验标准差(VST)

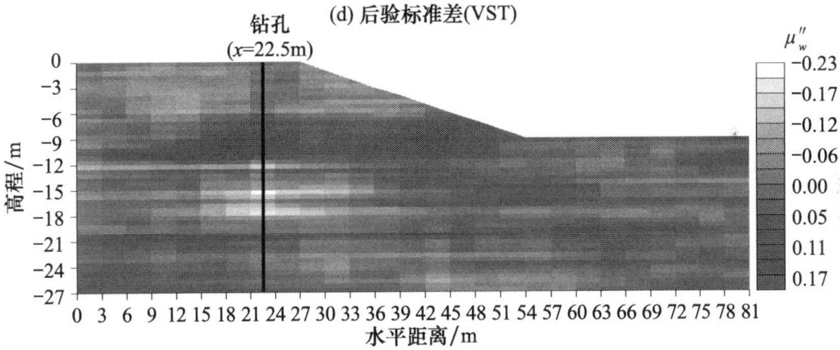

(e) 后验均值(UUT+VST)

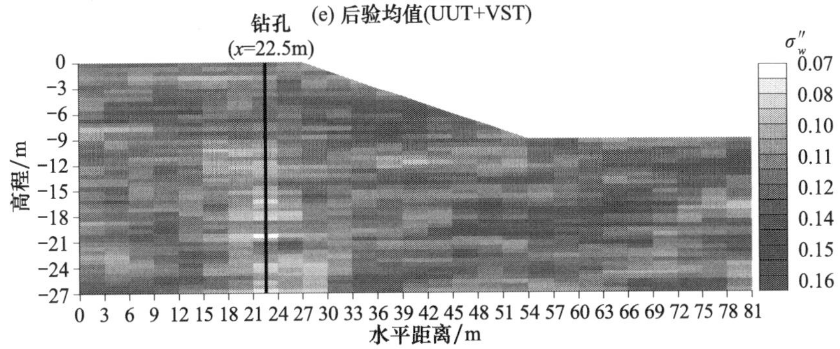

(f) 后验标准差(UUT+VST)

图 5.9　随机波动分量 $w(\boldsymbol{q})$的后验均值和后验标准差的空间分布比较

18%，t 的标准差减小了 90%。其中，s_{u0} 的不确定性没有明显减小的原因是，UUT 和 VST 数据都是从钻孔底部获得的，不能为钻孔顶部（地面处）的不排水抗剪强度参数（s_{u0}）提供重要的信息量。另外，VST 数据对 s_{u0} 概率分布的更新影响较大，而 UUT 数据对参数 t 概率分布的更新影响较大，这是因为与 VST 数据相比，UUT 数据不确定性相对较小，随埋深线性增加的变化趋势更加明显，因而对趋势分量参数概率分布的影响大。

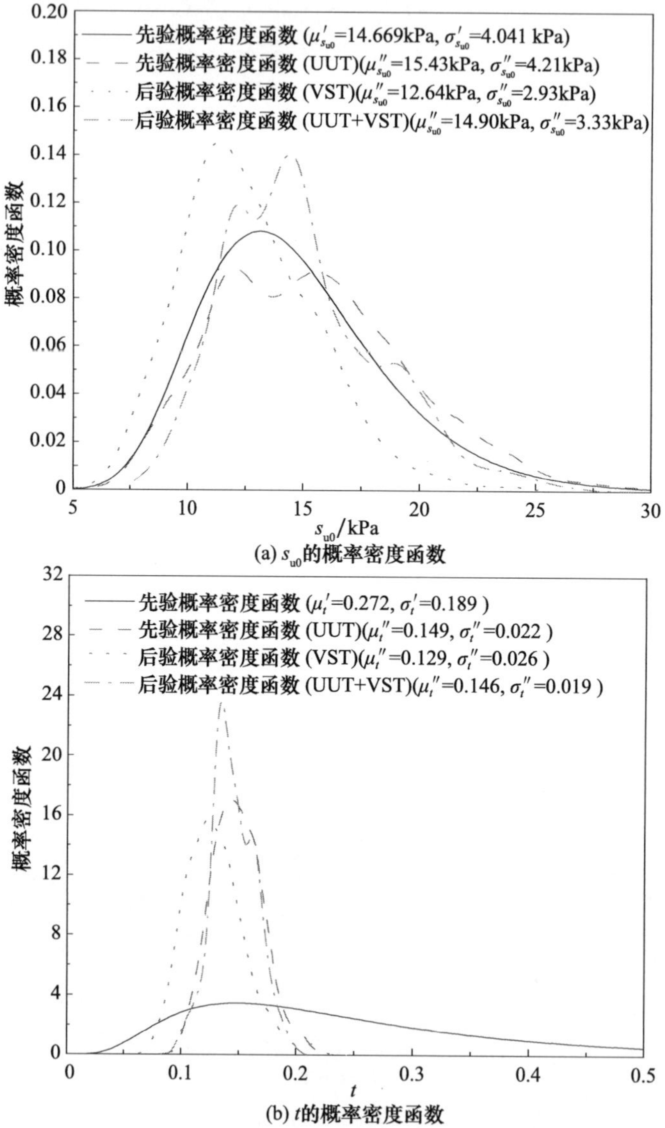

(a) s_{u0}的概率密度函数

(b) t的概率密度函数

图 5.10　s_{u0}和参数 t 的概率密度函数比较

为了说明不同试验数据对 $\boldsymbol{s}_u(\boldsymbol{q})$ 均值和标准差更新的影响，图 5.11 比较了基于 3 种不同试验数据获得的沿埋深方向不排水抗剪强度参数 s_u 后验均值与标准差，图中同时列出了 UUT 数据与 VST 数据以及由式(3.11)计算的 s_u 的先验均值与先验标准差用于比较。由图 5.11(a)可知，尽管先验均值 μ'_{s_u} 与试验数据相差较远，但是基于单源(UUT 或 VST)数据概率反演得到的后验均值在钻孔取样点处与对应的试验数据吻合。获得的后验标准差明显小于先验标准差，并且与 VST 数据相比，基于 UUT 数据获得的后验标准差整体更小。这是因为 VST 数据同时考虑了测量不确定性和模型转换不确定性，其不确定性总体更大，相比之下，室内 UUT 数据只考虑了测量不确定性的影响。此外，基于 UUT 和 VST 联合数据获得的后验均值有效兼顾了 UUT 和

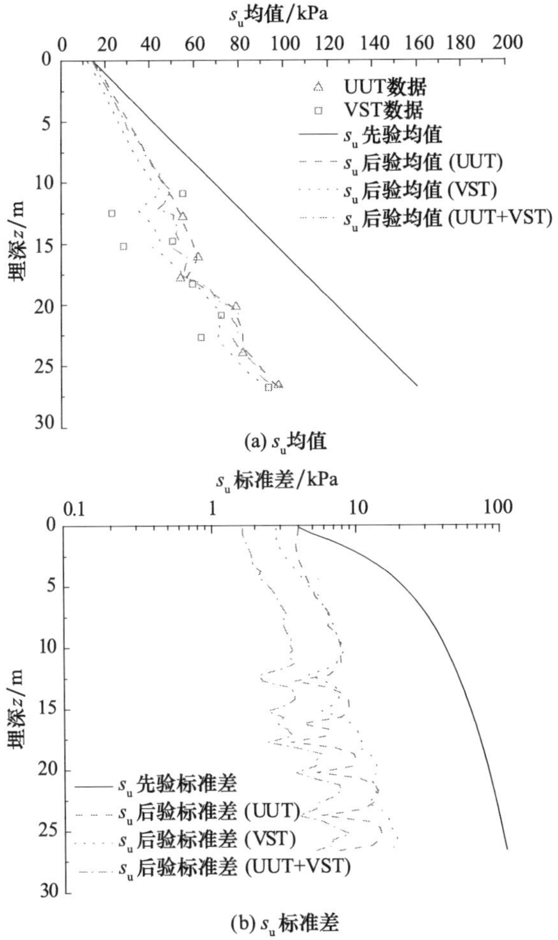

图 5.11　沿埋深方向不排水抗剪强度参数 s_u 均值和标准差的比较

VST 两种不同来源试验数据的影响，后验标准差显然更小。尽管只利用了 6 组 UUT 数据和 8 组 VST 数据，但是概率反演得到的 $\boldsymbol{s}_{\mathrm{u}}(\boldsymbol{q})$的不确定性却明显降低，均值与试验数据保持一致，说明了 aBUS 方法所建立的分析框架的有效性。

此外，图 5.12 给出了基于 UUT 和 VST 联合数据概率反演得到的不排水抗剪强度参数后验均值和后验标准差的空间分布，同样图中颜色较深部分表示统计参数值较大区域。图 5.12 反映了参数先验信息和试验数据的联合作用。受试验数据的影响，沿埋深方向后验均值 $\mu''_{s_{\mathrm{u}}}$ 随埋深逐渐增加，同时远离取样点边坡区域的后验均值 $\mu''_{s_{\mathrm{u}}}$ 随埋深增加的趋势也非常明显，这是因为采用了非平稳随机场模型描述参数先验信息并假定模型参数 t 取某一固定值(0.272)。同样，参数先验信息和试验数据的联合作用在后验标准差 $\sigma''_{s_{\mathrm{u}}}$ 沿边坡剖面分布中也得到了体现。受参数先验信息的影响，$\sigma''_{s_{\mathrm{u}}}$ 随埋深的增加而增大，

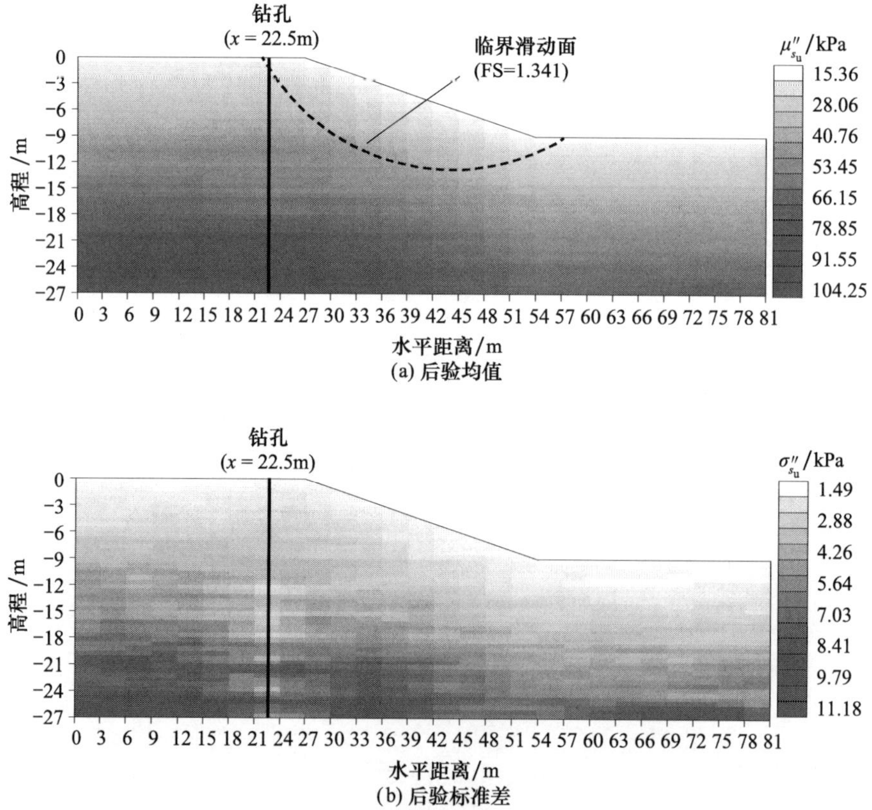

图 5.12　基于 UUT 和 VST 联合数据的不排水抗剪强度参数后验均值和后验标准差的空间分布

另外受试验数据的影响，钻孔取样点附近区域的 σ''_{s_u} 明显小于距离钻孔取样点较远区域的 σ''_{s_u}。基于 μ''_{s_u} 采用简化毕肖普法计算的边坡安全系数为 1.341，如图 5.12(a)所示，明显小于图 5.7 中基于 μ'_{s_u} 计算的 1.851。此时钻孔水平位置 $x=22.5\mathrm{m}$，采用 aBUS 方法基于 UUT 数据、VST 数据和 UUT 与 VST 联合数据计算的边坡后验失效概率分别为 1.32×10^{-2}、3.07×10^{-3} 和 2.58×10^{-3}，均明显小于先验失效概率(9.55×10^{-2})。边坡安全系数减小同时失效概率也减小的原因是通过贝叶斯更新有效降低了对空间变异不排水抗剪强度参数不确定性的估计。

岩土工程地质勘查试验通常需要提前确定最优的钻孔位置，据此可以耗费最低的工程勘查成本获得更有价值的试验数据。因此，有必要通过参数敏感性分析探讨钻孔位置对边坡参数概率反演及可靠度更新的影响。图 5.13 给出了采用 aBUS 方法分别基于 3 种不同试验数据计算的边坡后验失效概率随钻孔位置的变化关系，先验失效概率 9.55×10^{-2} 也列入图中用于比较。由图 5.13 可知，融合试验数据计算得到的后验失效概率小于先验失效概率，这主要是由于贝叶斯更新可充分利用有限的试验数据，在较大程度上降低了对岩土体参数不确定性的估计，从而提高了边坡可靠度水平。另外，基于 VST 数据比基于 UUT 数据计算得到的后验失效概率明显要小。例如，钻孔水平位置为 $x=34.5\mathrm{m}$，基于 UUT 数据、VST 数据和 UUT 与 VST 联合数据更新得到的后验失效概率分别为 8.39×10^{-3}、4.41×10^{-3} 和 1.43×10^{-4}，均明显小于先验失效概率，最大相差近三个数量级。

显然，如果忽略试验数据所提供的场地信息，直接根据边坡先验失效概

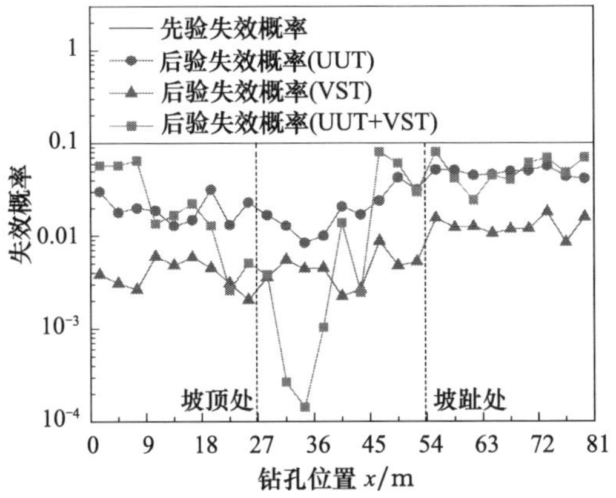

图 5.13　边坡失效概率随钻孔位置的变化关系

率进行边坡可靠度评价，会明显低估边坡可靠度水平，造成偏保守的边坡工程设计方案。钻孔位置对边坡后验失效概率也具有明显的影响，由图 5.13 可知，钻孔位于坡面靠近坡顶区域进行取样(如 x=34.5m)获得的后验失效概率最小，位于坡顶左侧区域进行取样获得的后验失效概率其次，位于坡趾右侧区域进行取样获得的后验失效概率相对最大，由此可得边坡坡面靠近坡顶区域可选为该边坡地质勘查试验的最优钻孔位置。因此，从这一区域钻孔取样获得的现场或室内试验数据更有助于客观地评价该边坡的稳定性状况。

5.3.2 某高速公路滑坡

2010 年 4 月 25 日某高速公路桩号为 3k+300 处发生山体滑坡[13]。这次山体滑坡造成超过 20 万 m^3 的泥土和岩石滑向高速公路，摧毁了立交桥。滑坡发生后，相关部门现场调查了滑体及滑动面位置，基于三维地形重构方法估计得到了总的滑体体积约为 225078m^3，滑坡两侧长度约为 185m，滑坡底部宽度约为 155m，滑体面积约为 14000m^2，整个滑动面上堆积层的平均厚度约为 16m。图 5.14 给出了滑坡发生前该高速公路边坡的地质剖面图，OB 表示上覆土层，SS 表示砂岩，SS/SH 和 SH/SS 均表示砂岩和页岩交错，SH 表示深灰色页岩，SS-f 表示含化石的砂岩。

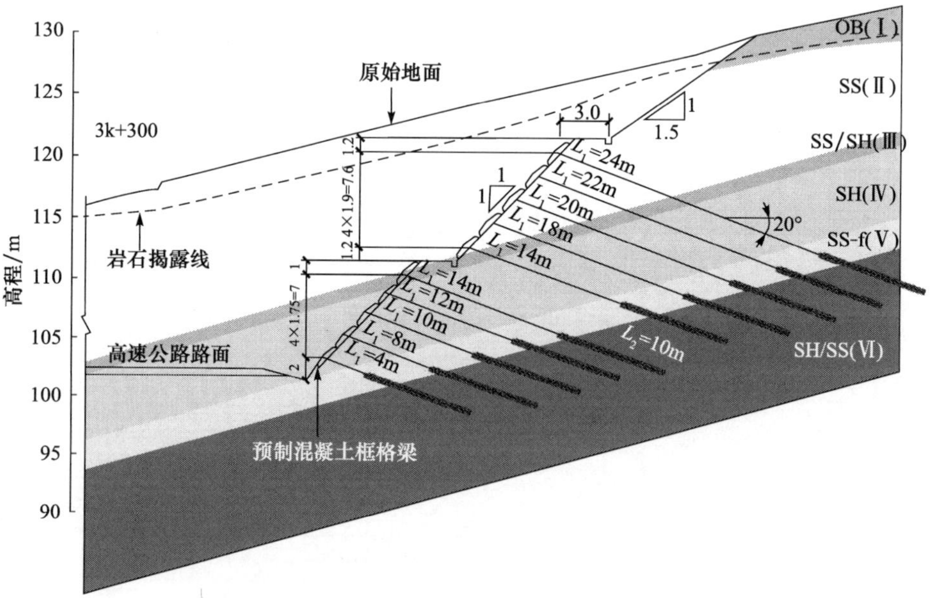

图 5.14 滑坡发生前某高速公路边坡地质剖面图(单位:m)[13]

将滑坡体简化为单平面滑动进行滑坡稳定性评价，据此边坡安全系数可表示为[13]

$$\mathrm{FS}=\frac{cA+(W\cos\eta-U-P\sin\eta+T_{\mathrm{t}}\cos\theta)\tan\phi}{W\sin\eta+P\cos\eta-T_{\mathrm{t}}\sin\theta} \tag{5.13}$$

式中，ϕ 为滑动面内摩擦角，(°)；A 为滑动面（或剪切面）的面积，m^2；θ 为锚索与滑动面法向的夹角，(°)；η 为滑动面倾角，(°)；c 为滑动面黏聚力，kPa；W 为滑动面以上的土体重力，kN；U 为水压力作用在滑动面而引起的浮托力，kN；P 为水在拉力裂缝中产生的水平静水压力，kN；T_{t} 为所有锚索的设计锚固力之和，kN，$T_{\mathrm{t}}=n_{\mathrm{t}}T$，其中，$n_{\mathrm{t}}$ 为锚索数量；T 为单根锚索的锚固力，kN。

由于事故发生前该地区几乎没有降水，滑坡稳定性分析时式(5.13)中的 U 和 V 均可取为 0。该高速公路滑坡稳定性评价的计算参数如表 5.2 所示。

表 5.2　某高速公路滑坡稳定性评价计算参数[13]

参数	数值
单位重度 $\gamma/(\mathrm{kN/m^3})$	2100
滑动体的体积 V/m^3	225078
滑动面以上的土体重力 W/kN	472665000
单根锚索的锚固力 T/kN	60000
锚索数量 n_{t}	572
锚索与滑动面法向的夹角 θ/(°)	55
黏聚力 c/kPa	0
滑动面的倾角 η/(°)	15
滑动面的面积 A/m^2	14000

按照 Zhang 等[12]和 Christian 等[17]的做法，假设边坡稳定性极限平衡分析模型校正系数 ζ 服从均值为 0.05、标准差为 0.07 的正态分布，据此建立式(5.12)所示的似然函数。按照 Wang 等[13]的做法，取滑动面内摩擦角 ϕ 和单根锚索锚固力 T 为不确定性输入参数，ϕ 和 T 均服从对数正态分布，ϕ 的先验均值和先验标准差分别为 21°和 3.15°，T 的先验均值和先验标准差分别为 60000kN 和 22800kN。基于所建立的似然函数和上述参数先验信息，采用 aBUS 方法同时推断 ϕ 和 T 的概率分布，其中子集模拟的条件概率取 $p_0=0.1$，每层随机样本数目 N_1 通过参数敏感性分析确定，推断参数概率分布和估计边坡后验失效概率时，重复进行 10 次独立的子集模拟计算再取平均值作为最后的计算结果。

图 5.15 给出了 ϕ 和 T 的后验概率密度函数随子集模拟每层样本数 N_1

的变化关系，ϕ 和 T 的先验概率密度函数也列入图中用于比较。由图 5.15 可知，N_1对 ϕ 的概率分布推断影响较小，对 T 的概率分布推断影响较大。并且随着 N_1的增加，ϕ 和 T 的后验概率密度函数逐渐收敛。为兼顾计算精度和效率要求，取 $N_1=2000$。与先验概率分布相比，ϕ 和 T 的后验概率分布更为集中，离散性更小，均值和标准差都明显减小。当 $N_1=2000$ 时，ϕ 的均值和标准差分别由 21°和 3.15°减小为 13.18°和 0.92°，T 的均值和标准差分别由 60000kN 和 22800kN 减小为 35254kN 和 9283kN。类似地，如果 ϕ 和 T 均服从正态分布，同样可以采用 aBUS 方法基于边坡失稳这一现场观测信息推断 ϕ 和 T 的后验概率分布。

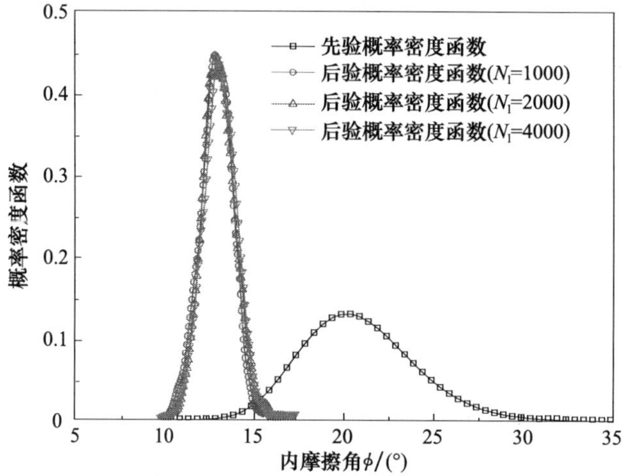

(a) 内摩擦角

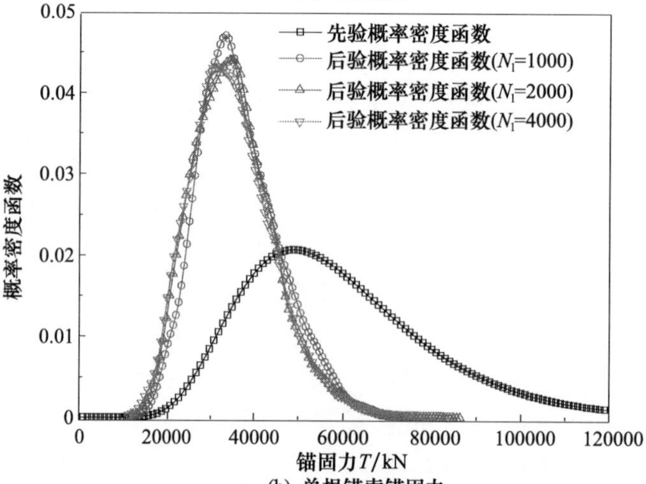

(b) 单根锚索锚固力

图 5.15　参数后验概率密度函数随子集模拟每层样本数 N_1的变化关系

为了说明 aBUS 方法的有效性，图 5.16 比较了采用 aBUS 方法与 Wang 等[13]的 MCMC 方法和 ML 方法计算的 ϕ 和 T 的后验概率密度函数。由图 5.16 可知，采用 aBUS 方法与 MCMC 方法计算的 ϕ 和 T 的后验概率密度函数基本吻合，验证了 aBUS 方法的有效性。相比之下，aBUS 方法与

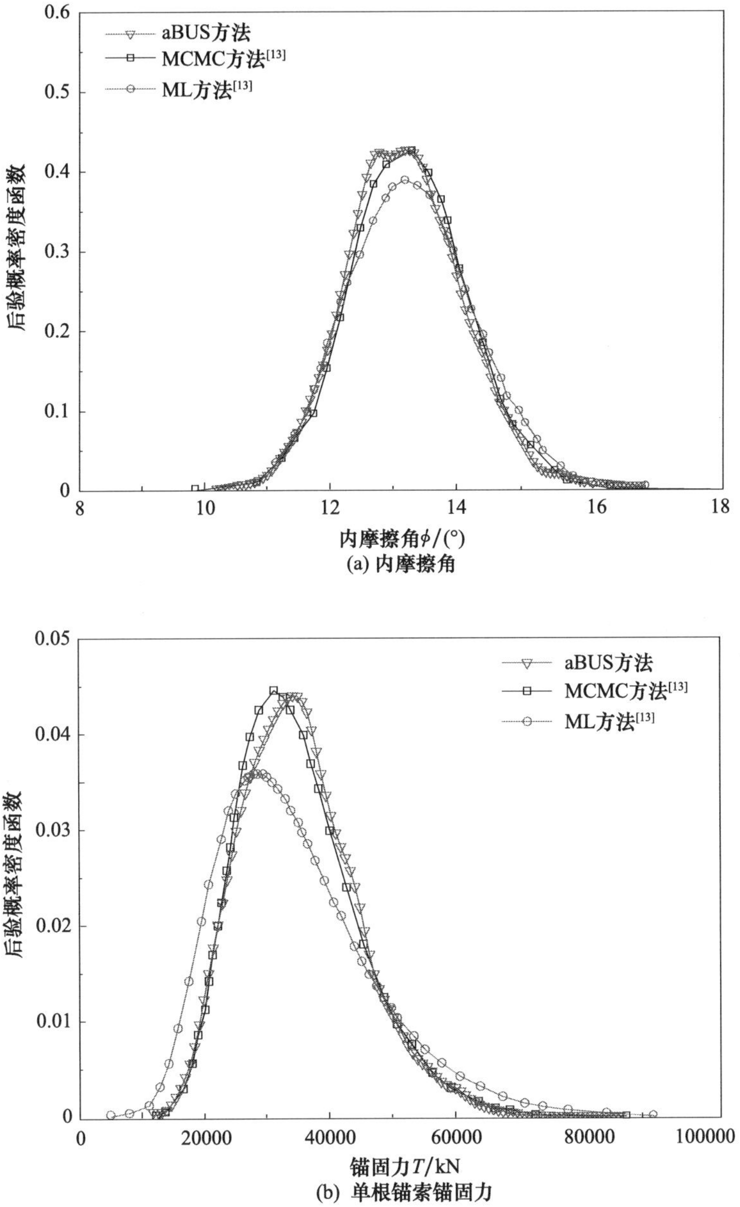

图 5.16　参数后验概率密度函数的比较

ML 方法的计算结果存在一定的差别。这主要是由于式(5.12)所示的似然函数中的边坡安全系数是单根锚索锚固力 T 的非线性函数[见式(5.13)],而 ML 方法在估计参数后验协方差时采用了线性函数近似非线性函数关系,并且没有利用参数先验信息,从而引起了一定的近似误差。

表 5.3 进一步比较了采用不同方法计算的 ϕ 和 T 的后验均值和后验标准差。由表 5.3 可知,无论输入参数服从对数正态分布还是正态分布,aBUS 方法和 MCMC 方法的计算结果均非常吻合,而 aBUS 方法与 ML 方法的计算结果尤其是 T 的后验均值和后验标准差存在一定的差别。

表 5.3 输入参数后验均值和后验标准差的比较

输入参数概率分布	计算方法	μ_ϕ/(°)	σ_ϕ/(°)	μ_T/kN	σ_T/kN
对数正态分布	aBUS 方法	13.18	0.92	32254	9283
	MCMC 方法	13.21	0.93	35290	9810
	ML 方法	13.26	1.03	35020	13080
正态分布	aBUS 方法	13.01	1.55	31737	20691
	MCMC 方法	13.02	1.55	30620	21130
	ML 方法	12.88	1.49	33050	20860

取 aBUS 方法中一次独立的子集模拟($N_1=2000$)为例,当输入参数 ϕ 和 T 均服从对数正态分布和正态分布时,可得子集模拟计算终止的最后一层($m=4$ 和 3)阈值 b_m 分别为 1.17 和 0.43,接受概率 $P(Z>b_m)$ 分别为 10^{-4} 和 10^{-3},相对较低。另外,图 5.17 给出了 $\ln P(Z>b)$ 函数值随阈值 b 的变化关系,斜率为 −1 的直线也列入图中用于比较。由图 5.17 可知,随着 b_m 的增加,$\ln P(Z>b)$ 函数曲线由最初接近于 0 逐渐突变为斜率为 −1 的递减直线。由式(2.63)可知,$\ln P(Z>b)$ 函数值突变为斜率为 −1 的直线的拐点所对应的阈值 b 即为 $b_{\min}$。显然,两种工况下 $b_{\min}<0$(见图 5.17),即 b_m 恒大于 $b_{\min}$,进一步验证了本书第 2 章所建立的定量的自适应计算终止条件的合理性。

采用 aBUS 方法还可以在岩土体参数概率分布推断的基础上进行新一轮子集模拟计算边坡后验失效概率,取 $N_1=2000$ 和 $p_0=0.1$。不融合任何场地信息,计算的边坡先验失效概率为 1.78×10^{-4},与 Wang 等[13]采用 MCS 方法计算的 1.77×10^{-4} 非常吻合。融入边坡失稳这一现场观测信息后,采用 aBUS 方法计算的边坡后验失效概率为 0.283,与 Wang 等[13]

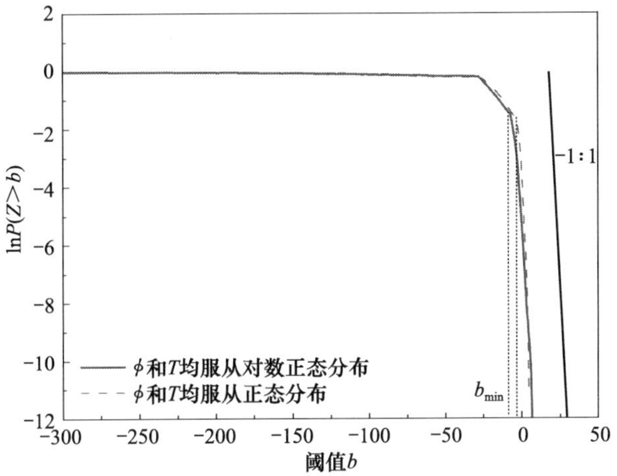

图 5.17　某高速公路滑坡 $\ln P(Z>b)$ 函数值随阈值 b 的变化关系

采用 MCS 方法计算的 0.173 相差不大，边坡失效概率量值总体较大，在允许模型误差范围内与边坡失稳这一现场观测信息吻合，进一步验证了 aBUS 方法所建立的分析框架的有效性。此外，当 ϕ 和 T 均服从对数正态分布时，基于 MCMC 方法、ML 方法和 aBUS 方法获得的参数后验均值计算的边坡安全系数分别为 1.039、1.041 和 1.036；当 ϕ 和 T 均服从正态分布时，基于 MCMC 方法、ML 方法和 aBUS 方法获得的参数后验均值计算的边坡安全系数分别为 0.999、1.000 和 1.004。可见这三种方法计算的边坡安全系数相差较小，并且都接近于 1.0，也与现场边坡失稳这一观测信息吻合。

5.3.3　某失稳切坡

某失稳切坡是为修建高速公路时开挖形成的，然而在施工开挖过程中南面长达 61m 的切坡发生了失稳破坏，失稳破坏主要发生在饱和黏土中，主要原因是孔隙水压力来不及消散。Ireland[18] 给出了该切坡失稳时近似几何尺寸和滑动面的大致位置，从中可获得两个重要的现场观测信息用于推断土体抗剪强度参数的概率分布：①切坡失稳信息（真实安全系数 y 近似等于 1.0），可用于建立似然函数；②滑动面入滑点和出滑点的大致位置，可用于确定潜在滑动面大致位置。

此外，Li 等[19]、Jiang 和 Huang[20] 均研究了考虑参数空间变异性的该切坡稳定可靠度问题。该切坡的几何模型如图 5.18 所示，包含 4 个土层（顶部砂土层及其下部 3 个黏土层)，坡高为 14.1m，上、下两个坡角分别为 36.3°、36°。由文献[21]可知，顶部砂土层抗剪强度对边坡稳定性几乎没有影响，可将砂土层的黏聚力 $c=0$、内摩擦角 $\phi=30°$以及 4 个土层的重度均视为常量，取 $\gamma=18.5\text{kN/m}^3$。此外，采用平稳截尾正态随机场分别模拟 3 个黏土层不排水抗剪强度参数 s_{u1}、s_{u2} 和 s_{u3} 的空间变异性，s_{u1}、s_{u2} 和 s_{u3} 的先验信息如表 5.4 所示。取各土层参数均值采用瑞典圆弧条分法计算的边坡安全系数为 2.27，与 Chowdhury 和 Xu[21] 计算的 2.1396 基本一致，相应的最危险滑动面如图 5.19 所示。

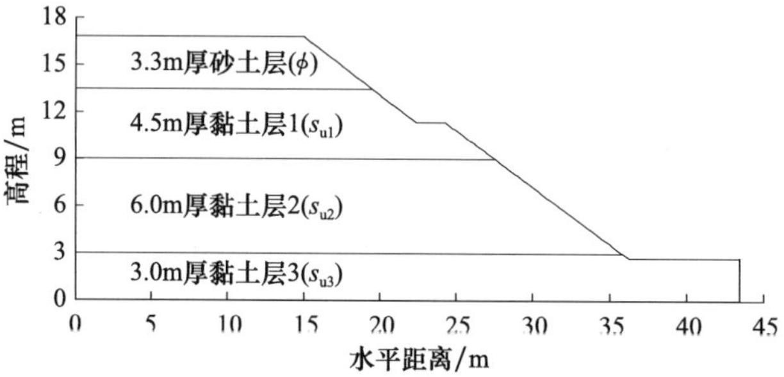

图 5.18 某失稳切坡几何模型

表 5.4 不排水抗剪强度参数的先验信息

土层	参数	概率分布	均值/kPa	标准差/kPa	下限/kPa	上限/kPa
黏土层 1	s_{u1}	截尾正态	136	50	0	272
黏土层 2	s_{u2}	截尾正态	80	15	0	160
黏土层 3	s_{u3}	截尾正态	102	24	0	204

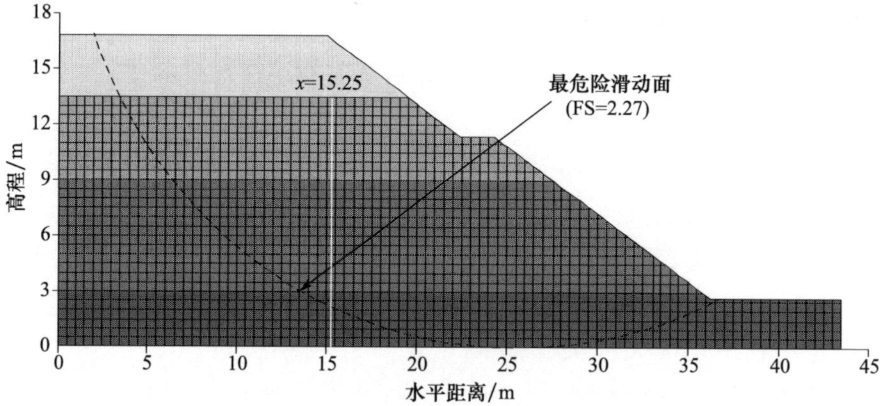

图 5.19 边坡计算模型及稳定性分析结果

除顶部砂土层为确定性土层外，按照 Li 等[19]与 Jiang 和 Huang[20]的做法，将该切坡 3 个黏土层共剖分为 1729 个边长为 0.5m 的四边形和三角形混合单元，如图 5.19 所示，3 个黏土层分别剖分了 434 个、773 个和 522 个随机场单元。采用式(3.12)所示的二维指数型自相关函数模拟 3 个黏土层 s_{u1}、s_{u2}和 s_{u3}的空间自相关性，并假定 s_{u1}、s_{u2}和 s_{u3}的波动范围相等，从黏性土水平波动范围和垂直波动范围统计范围中取 $\lambda_h=40$m 和 $\lambda_v=4.0$m。然后，根据事后现场调查确定的边坡滑动面潜在入滑区域 AB 和出滑区域 CD[18]，随机产生了切坡失稳破坏的 1164 个潜在滑动面，如图 5.20 所示。

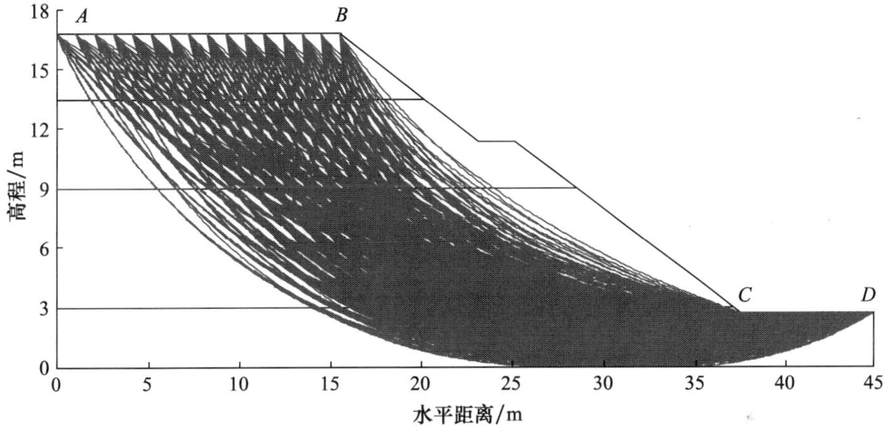

图 5.20　切坡失稳破坏的 1164 个潜在滑动面

同样假定模型校正系数 ζ 服从均值为 0.05、标准差为 0.07 的正态分布，建立基于切坡失稳破坏(即 $y=1.0$)这一现场观测信息的似然函数，如式(5.12)所示。下面基于表 5.4 中 s_{u1}、s_{u2}和 s_{u3}的先验信息，采用 aBUS 方法推断该切坡 3 个黏土层 s_{u1}、s_{u2}和 s_{u3}的概率分布，其中子集模拟条件概率取 $p_0=0.1$，每层随机样本数目 N_1通过参数敏感性分析确定。以沿图 5.19 垂直方向($x=15.25$m)不排水抗剪强度参数的变化为例，图 5.21 比较了沿垂直方向不排水抗剪强度参数(s_{u1}、s_{u2}和 s_{u3})的先验与后验均值和标准差。由图 5.21 可知，不排水抗剪强度参数后验均值和后验标准差均随空间位置的变化而变化，参数平稳随机场更新为非平稳随机场。与先验均值和先验标准差相比，s_{u1}和 s_{u3}的后验均值和后验标准差变化更为明显，而 s_{u2}的后验均值和后验标准差变化较小，表明 s_{u1}和 s_{u3}对该边坡稳定性起决定作用，而 s_{u2}的影响相对较小。此外，N_1对计算结果也有一定的影响，随着 N_1

的增加，不仅 s_{u1}、s_{u2} 和 s_{u3} 的后验均值和后验标准差均逐渐收敛，而且子集模拟计算终止时最后一层（$m=6$）的阈值 b_m、边坡后验失效概率 $P(\Omega_F|\Omega_Z)$ 以及参数后验概率分布均逐渐收敛，如 $N_l=1000$、2000 和 4000 对应的 b_m 分别为 0.61、0.95 和 0.8，$P(\Omega_F|\Omega_Z)$ 分别为 0.243、0.258 和 0.303。由图 5.21可知，N_l 取 1000 显然不能得到满意的计算结果，为兼顾计算精度和效率要求，本例也取 $N_l=2000$。

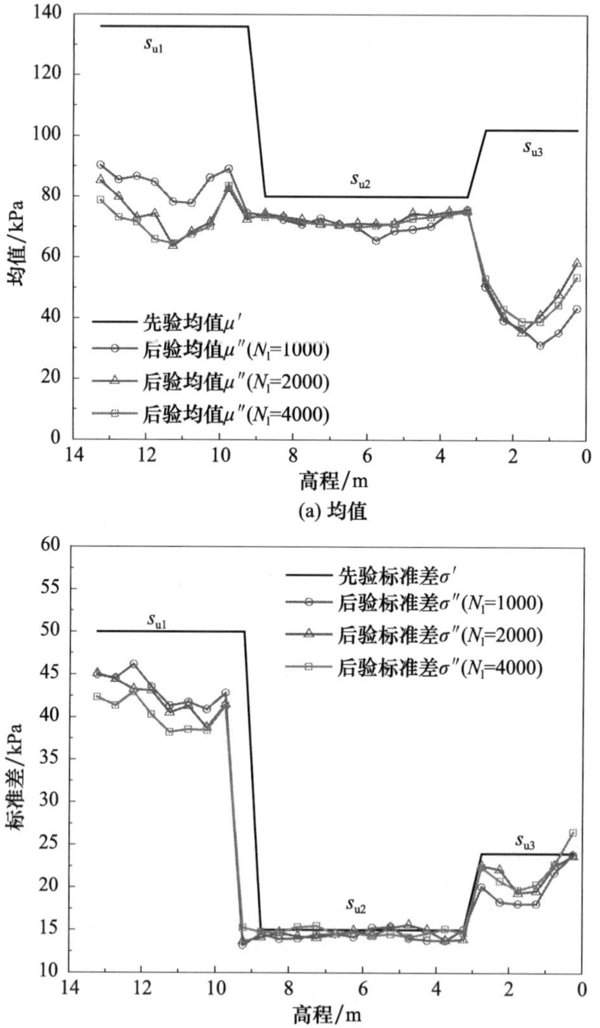

(a) 均值

(b) 标准差

图 5.21　沿垂直方向不排水抗剪强度参数先验与后验均值和标准差的比较（不同样本数目）

另外，aBUS 方法中所需进行的子集模拟计算层数较多($m=6$)，接受概率较小，$P(Z>b_m)=1.0\times10^{-6}$，这是因为三个土层的不排水抗剪强度参数先验均值较大，变异性相对较小，基于参数先验信息计算的边坡安全系数较大(FS=2.27)和失效概率较小[$P(\Omega_F)=2.3\times10^{-6}$]，与观测信息($y=1.0$)相差较大，从而导致贝叶斯更新过程中样本接受率较小。同样说明 aBUS 方法可为解决考虑岩土体参数空间变异性的低接受概率水平(10^{-6}量级)的边坡参数概率反演及可靠度更新问题提供了一条有效的途径。

以 aBUS 方法中一次独立的子集模拟($N_1=2000$)为例，子集模拟计算终止时最后一层($m=6$)的阈值 b_m 为 0.95。另外，图 5.22 给出了 $\ln P(Z>b)$ 函数值随阈值 b 的变化关系，斜率为-1 的直线也列入图中用于比较。由图 5.22 可知，随着 b 的增加，$\ln P(Z>b)$ 函数曲线最初接近于 0，逐渐突变为斜率为-1 的递减直线。由式(2.63)可知，$\ln P(Z>b)$ 函数曲线突变为斜率为-1 的直线的拐点所对应的阈值 b 即为 $b_{\min}$。由图 5.22 可知，$b_{\min}\approx0$，也就是说，b_m 恒大于 $b_{\min}$，进一步证明了 aBUS 方法的有效性。

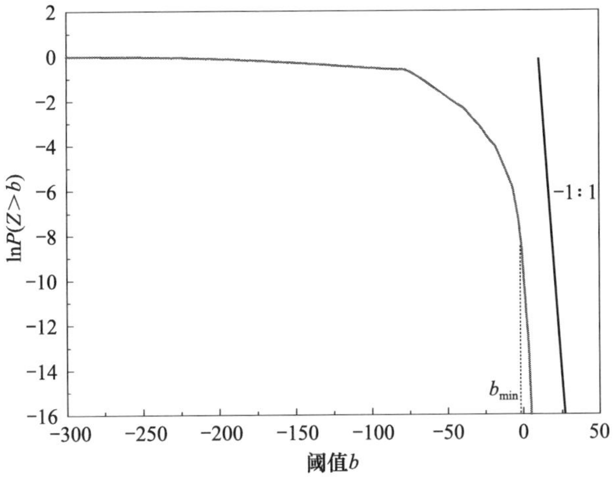

图 5.22　某失稳切坡 $\ln P(Z>b)$ 函数值随阈值 b 的变化关系

图 5.23 给出了 $N_1=2000$ 时不排水抗剪强度参数(s_{u1}、s_{u2} 和 s_{u3})后验均值和后验标准差的空间分布，图中颜色较深区域表示参数统计特征值较大，颜色较浅区域表示参数统计特征值较小。显然，融入现场观测信息($y=1.0$)后，s_{u1}、s_{u2} 和 s_{u3} 平稳随机场更新为非平稳随机场，因为其均值和标准差不再是常数，而是随着空间位置的变化而变化。基于图 5.23(a)中 s_{u1}、s_{u2} 和

s_{u3}的 1729 个后验均值，采用瑞典圆弧条分法计算的边坡安全系数为 1.18，在模型误差范围内与切坡失稳这一现场观测信息（$y=1.0$）基本吻合。与表 5.4 中s_{u1}、s_{u2}和 s_{u3}的先验均值和先验标准差相比，三个参数随机场的均值都有所降低，绝大部分参数标准差也有所减小，同样 s_{u1}和 s_{u3}统计特征变化更为明显。此外，基于后验均值获得的边坡最危险滑动面与图 5.19 的最危险滑动面也存在一定的差别，与离最危险滑动面较远处不排水抗剪强度参数统计特征相比，最危险滑动面附近处参数统计特征变化更为显著。

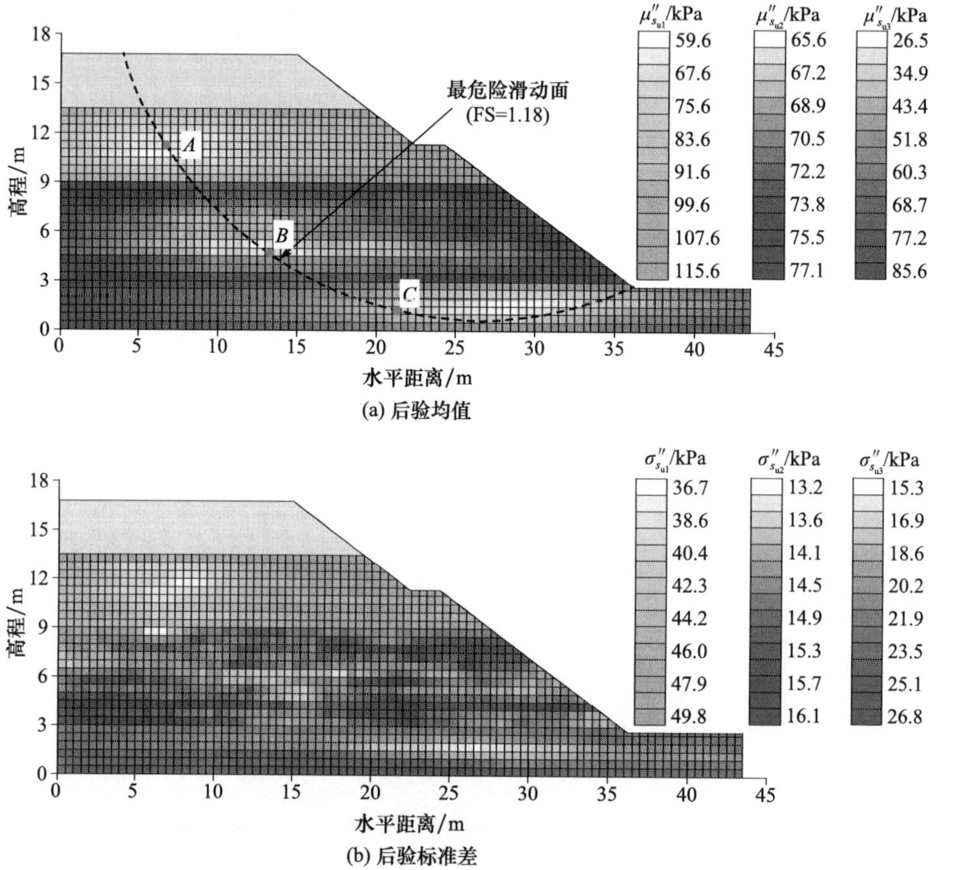

图 5.23　不排水抗剪强度参数后验均值和后验标准差的空间分布

以图 5.23(a)中最危险滑动面所经过的 3 个空间代表点 $A(x=6.75\text{m}, z=11.25\text{m})$、$B(x=13.25\text{m}, z=4.75\text{m})$和 $C(x=21.25\text{m}, z=1.25\text{m})$为例，图 5.24～图 5.26 比较了 s_{u1}、s_{u2}和 s_{u3}随机场水平方向的先验与后验自相关系数以及先验和后验概率分布，其中先验自相关系数是采用式(3.12)所示

的指数型自相关函数直接解析计算,后验自相关系数基于10次独立的子集模拟获得的20000组失效样本进行统计分析得到。与图5.21一样,图5.24和图5.26中s_{u1}和s_{u3}水平方向的先验和后验自相关系数以及先验和后验概率分布均有非常明显的差别,均值和标准差以及自相关系数均有所减小。如图5.24(b)中点A处s_{u1}的均值和标准差分别由136kPa和50kPa减小为64.15kPa和37.6kPa,图5.26(b)中点C处s_{u3}的均值和标准差分别由102kPa和24kPa减小为34.34kPa和20.01kPa。相比之下,点B处(图5.25)s_{u2}水平

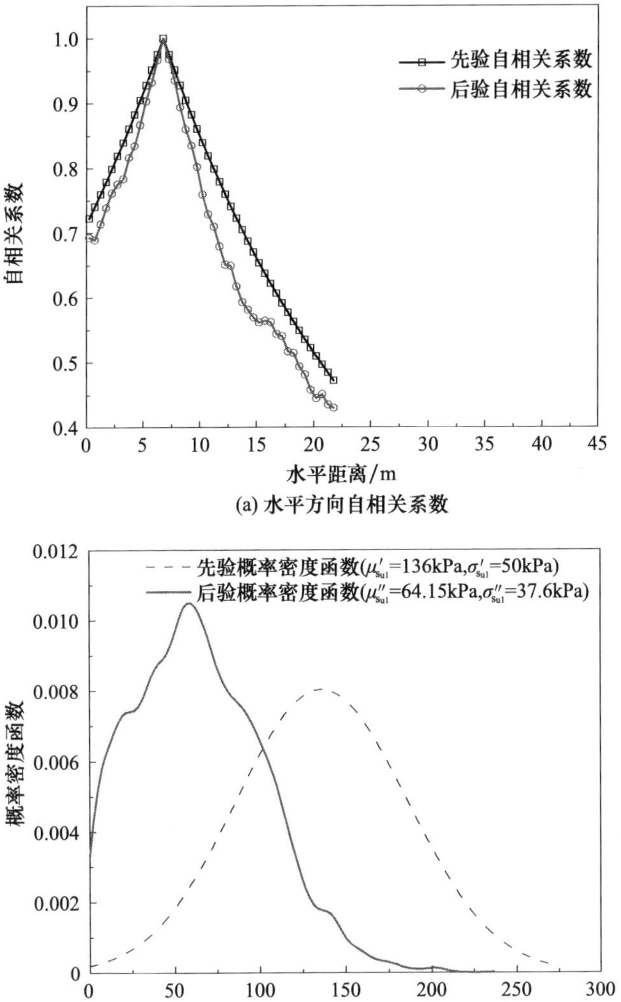

(a) 水平方向自相关系数

(b) 概率密度函数

图5.24　点A处s_{u1}先验与后验自相关系数及概率密度函数比较

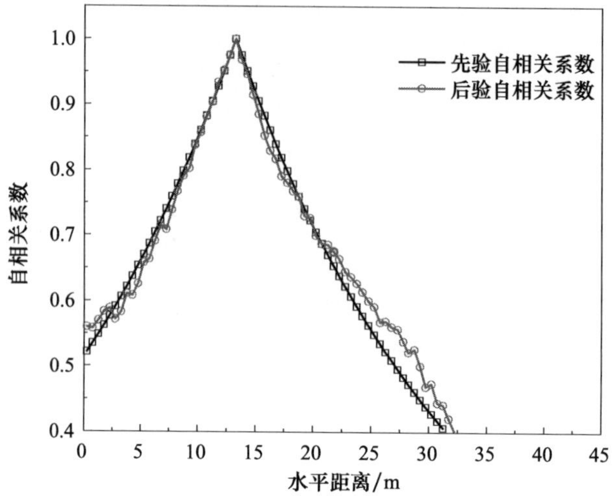

(a) 水平方向自相关系数

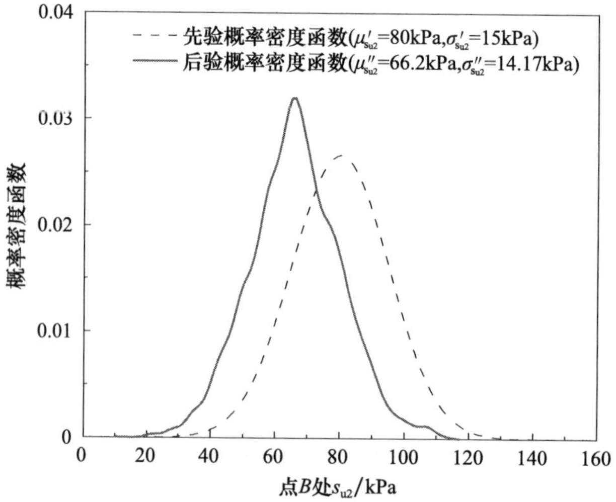

(b) 概率密度函数

图 5.25　点 B 处 s_{u2} 先验与后验自相关系数及概率密度函数比较

方向的先验与后验自相关系数以及先验和后验概率分布相差较小，其均值和标准差分别由 80kPa 和 15kPa 减小为 66.2kPa 和 14.17kPa。此外，通过贝叶斯更新获得的参数后验概率分布不再是截尾正态分布，与先验概率分布相差很大。

目前岩土体参数概率反演较少考虑参数空间变异性的影响，为探讨岩土体参数空间变异性对边坡参数概率反演及可靠度更新的影响，下面仍然以探讨沿图 5.19 垂直方向(x=15.25m)不排水抗剪强度参数变化为例，

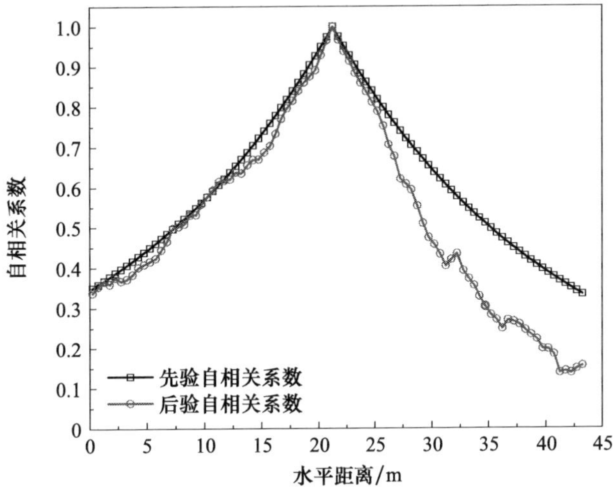

(a) 水平方向自相关系数

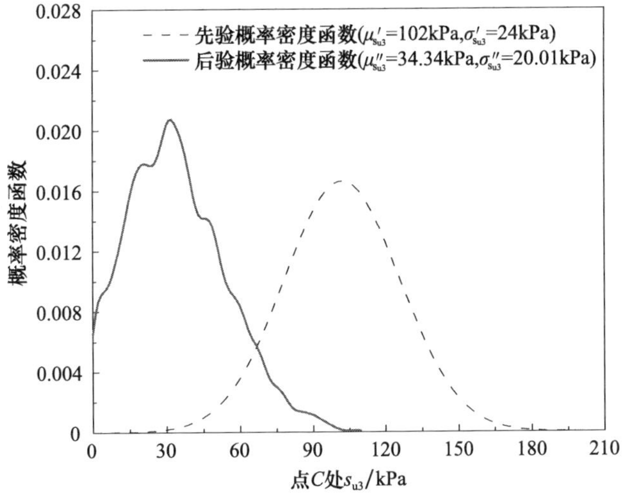

(b) 概率密度函数

图 5.26　点 C 处 s_{u3} 先验与后验自相关系数及概率密度函数比较

图 5.27 比较了 $\lambda_h=40\text{m}$ 和 $\lambda_v=4.0\text{m}$ 以及 $\lambda_h=\infty$ 和 $\lambda_v=\infty$ 时沿垂直方向不排水抗剪强度参数(s_{u1}、s_{u2} 和 s_{u3})先验与后验均值和后验标准差，其中 λ_h 和 λ_v 取∞相当于忽略岩土体参数空间变异性的影响。由图 5.27 可知，参数空间变异性对参数(尤其是 s_{u1} 和 s_{u3})统计特征更新具有重要的影响，当忽略参数空间变异性时，即融合切坡失稳这一观测信息获得的三参数平稳随机场更新后仍为平稳随机场。因此，为获得真实的岩土体参数概率分布特征，贝叶斯更新过程中需要考虑岩土体参数固有空间变异性的影响。

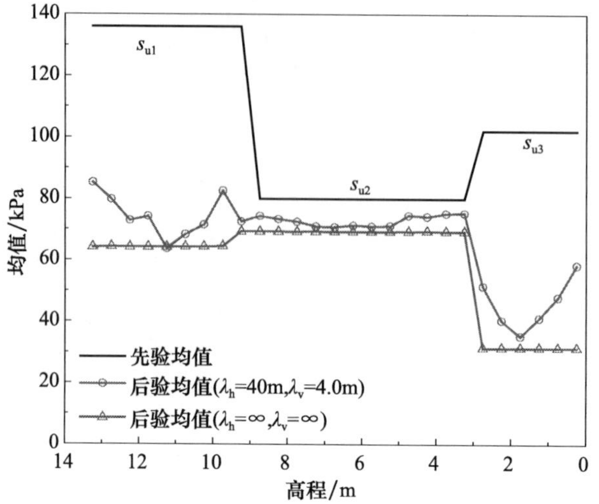

(a) 均值

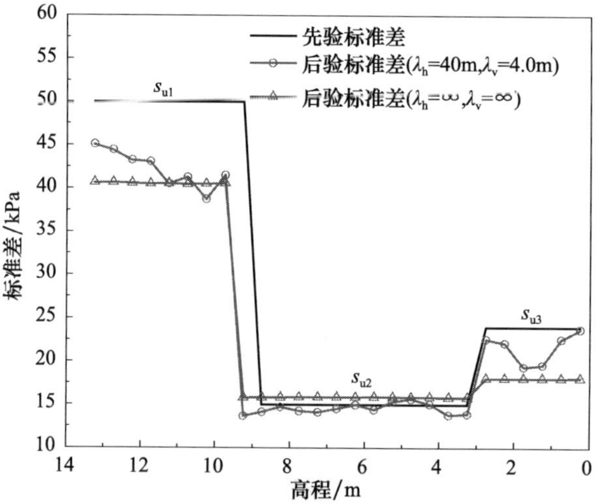

(b) 标准差

图 5.27　沿垂直方向不排水抗剪强度参数先验与后验均值和标准差的比较(不同波动范围)

此外,表 5.5 比较了两种工况下的边坡先验与后验失效概率,由于边坡先验失效概率水平较低,采用子集模拟进行 10 次独立计算取平均值,其中取$N_1=2000$ 和 $p_0=0.1$。由表 5.5 可知,考虑岩土体参数空间变异性时边坡先验失效概率为 2.3×10^{-6},此时边坡几乎不会失稳破坏,但是一旦融合了切坡失稳和滑动面大致位置这些现场观测信息之后,边坡后验失效概率急剧增大至 0.258,在允许模型误差范围内与现场切坡失稳这一观测信息吻合，也证明了 aBUS 方法的有效性。另外，由表 5.5 可知，忽略岩土体参数空间变异性的影响会明显高估边坡失效概率。

表 5.5　两种工况下边坡先验和后验失效概率的比较

工况	$P(\Omega_F)$	$P(\Omega_F \mid \Omega_Z)$
$\lambda_h=40$m 和 $\lambda_v=4.0$m	2.3×10^{-6}	0.258
$\lambda_h=\infty$和 $\lambda_v=\infty$	4.76×10^{-4}	0.538

5.4　本章小结

本章基于 aBUS 方法建立了空间变异边坡岩土体参数概率反演及可靠度更新的一体化分析框架，实现了基于室内和现场不同来源试验数据、滑动面位置及边坡失稳现场观测信息概率反演空间变异岩土体参数进而更新边坡可靠度评价，以三个代表性边坡为例说明了所建立的分析框架的有效性。同时探讨了试验数据、钻孔位置和参数空间变异性对边坡参数概率反演及可靠度更新的影响。主要结论如下：

(1) aBUS 方法可以充分利用有限的试验数据、观测信息等多源场地信息通过子集模拟产生失效样本推断空间变异岩土体参数概率分布并更新边坡可靠度，与 ML 方法和 MCMC 方法相比，aBUS 方法计算精度高，编程较为简便，为解决低接受概率水平的边坡岩土体参数概率反演及可靠度更新问题提供了一个有效的途径。

(2) aBUS 方法可以有效融合所建立的参数先验非平稳随机场模型、多源试验数据和现场观测信息等量化岩土体参数真实空间变异性。尽管参数先验信息与试验数据相差较远，但是获得的后验均值与试验数据保持一致，后验标准差小于先验标准差，对参数不确定性的估计明显降低。此外，受岩土体参数空间自相关性的影响，试验数据对钻孔取样点附近区域岩土体参数统计特征更新的影响更加明显。

(3) aBUS 方法中子集模拟每层随机样本数目对参数概率分布推断具有一定的影响，随着样本数目的增加，岩土体参数统计特征、子集模拟阈值和接受概率均逐渐收敛，采用常用的 500 组或 1000 组样本难以获得满意的计算结果。此外，可以根据互补累积分布函数随子集模拟阈值的变化关系验证所建立的定量的子集模拟计算终止条件的合理性。

(4) 试验数据和钻孔位置对边坡可靠度更新均具有重要的影响，根据边坡后验失效概率随钻孔位置的变化关系可推断不排水饱和黏土边坡最佳钻孔位置位于坡面靠近坡顶区域。如果不利用钻孔取样获得的试验数据而直接根据边坡先验失效概率进行边坡可靠度评价，会明显低估边坡可靠度水平，造成偏保守的边坡工程设计方案。

(5) 岩土体参数固有的空间变异性对参数概率反演分析具有重要的影响，考虑参数空间变异性，岩土体参数由平稳随机场更新为非平稳随机场，符合岩土工程实际，而忽略参数空间变异性，更新后的岩土体参数仍为平稳随机场。

本章尽管以试验数据及边坡失稳和滑动面潜在位置等观测信息为例建立似然函数进行边坡参数概率反演及可靠度更新研究，但是同样可以重新建立似然函数，将 aBUS 方法拓展到研究基于试验数据、监测数据和观测信息等多源场地信息的岩土体参数概率反演问题。此外，本章仅研究了考虑参数空间变异性的二维边坡稳定性问题，与实际三维边坡相比，边坡破坏模式及参数反演计算结果会有较大的差别，因此有必要深入研究三维边坡参数概率反演及可靠度更新问题。

参 考 文 献

[1] Ching J, Phoon K K, Chen Y C. Reducing shear strength uncertainties in clays by multivariate correlations[J]. Canadian Geotechnical Journal, 2010, 47(1): 16-33.

[2] Rackwitz R. Reviewing probabilistic soils modelling[J]. Computers and Geotechnics, 2000, 26(3): 199-223.

[3] Ng I T, Yuen K V, Dong L. Estimation of undrained shear strength in moderately OC clays based on field vane test data[J]. Acta Geotechica, 2017, 12(1): 145-156.

[4] Cao Z J, Wang Y, Li D Q. Quantification of prior knowledge in geotechnical site characterization[J]. Engineering Geology, 2016, 203: 107-116.

[5] Phoon K K, Kulhawy F H. Characterization of geotechnical variability[J]. Canadian Geotechnical Journal, 1999, 36(4): 612-624.

[6] Phoon K K, Kulhawy F H. Evaluation of geotechnical property variability[J]. Canadian Geotechnical Journal, 1999, 36(4): 625-639.

[7] El-Ramly H, Morgenstern N R, Cruden D M. Probabilistic stability analysis of a tailings dyke on presheared clay-shale[J]. Canadian Geotechnical Journal, 2003,

40(1):192-208.

[8] Degroot D J,Baecher G B. Estimating autocovariance of in-situ soil properties[J]. Journal of Geotechnical Engineering,1993,119(1):147-166.

[9] Straub D,Papaioannou I. Bayesian updating with structural reliability methods[J]. Journal of Engineering Mechanics,2015,141(3):04014134.

[10] El-Ramly H,Morgenstern N R,Cruden D M. Probabilistic slope stability analysis for practice[J]. Canadian Geotechnical Journal,2002,39(3):665-683.

[11] Cao Z J,Wang Y,Li D Q. Site-specific characterization of soil properties using multiple measurements from different test procedures at different locations—A Bayesian sequential updating approach[J]. Engineering Geology,2016,211:150-161.

[12] Zhang L L,Zhang J,Zhang L M,et al. Back analysis of slope failure with Markov chain Monte Carlo simulation[J]. Computers and Geotechnics,2010,37(7):905-912.

[13] Wang L,Hwang J H,Luo Z,et al. Probabilistic back analysis of slope failure—A case study in Taiwan[J]. Computers and Geotechnics,2013,51:12-23.

[14] Wang Y,Cao Z J,Au S K. Practical reliability analysis of slope stability by advanced Monte Carlo simulations in a spreadsheet[J]. Canadian Geotechnical Journal,2010,48(1):162-172.

[15] Asaoka A,Grivas D A. Spatial variability of the undrained strength of clays[J]. Journal of Geotechnical Engineering Division,1982,108(5):743-756.

[16] Li X Y,Zhang L M,Li J H. Using conditioned random field to characterize the variability of geologic profiles[J]. Journal of Geotechnical and Geoenvironmental Engineering,2016,142(4):04015096.

[17] Christian J T,Ladd C C,Baecher G B. Reliability applied to slope stability analysis[J]. Journal of Geotechnical Engineering,1994,120(12):2180-2207.

[18] Ireland H O. Stability analysis of the Congress Street open cut in Chicago[J]. Géotechnique,1954,4(4):163-168.

[19] Li D Q,Zheng D,Cao Z J,et al. Response surface methods for slope reliability analysis:Review and comparison[J]. Engineering Geology,2016,203:3-14.

[20] Jiang S H,Huang J S. Efficient slope reliability analysis at low-probability levels in spatially variable soils[J]. Computers and Geotechnics,2016,75:18-27.

[21] Chowdhury R N,Xu D W. Geotechnical system reliability of slopes[J]. Reliability Engineering and System Safety,1995,47(3):141-151.

第6章　基于贝叶斯更新的边坡场地勘查方案优化设计方法

岩土工程勘查成本有限，为了能在节省岩土工程勘查成本的前提下获得更多有价值的现场试验数据，通常需要事先优化设计场地勘查方案（包括钻孔位置、钻孔间距、钻孔深度和钻孔数目等）。本章提出基于贝叶斯更新和场地信息量分析的边坡场地勘查方案优化设计方法。首先，采用先验非平稳随机场模型表征岩土体参数均值和标准差随埋深逐渐增加的非平稳分布特性；然后，基于BUS方法估计空间变异岩土体参数统计特征和边坡后验失效概率，在此基础上通过场地信息量分析确定边坡最优钻孔位置和最佳钻孔间距；最后，通过不排水饱和黏土边坡算例验证提出方法的有效性。结果表明，提出方法可以实现在进行边坡场地勘查试验之前仅利用现有的参数先验信息有效确定最优钻孔位置和最佳钻孔间距。

6.1　场地信息量分析

为了降低岩土工程不确定性和增强对地层特性的认识，进而使得边坡稳定可靠度分析更加贴近工程实际，通常首先通过CPT、SPT和VST现场试验获得特定场地的试验数据[1]，再基于这些试验数据估计岩土体参数统计特征，包括均值、标准差、概率分布、互相关系数、自相关函数和波动范围等，最后进行边坡稳定可靠度分析。在现场地质勘查试验之前，虽然特定场地的岩土体参数及地层信息通常不得而知，但是可以通过专家经验、工程类比和相关文献资料等收集一些关于岩土体参数及地层的先验信息[2]。然而，仅在已知岩土体参数及地层先验信息的前提下，如何优化设计边坡钻孔布置方案仍然是一个关键技术难题。场地信息量分析为边坡场地勘查方案优化设计提供了一条有效的途径[3~6]。

在概率论或信息论中，信息量(value of information，VoI)用于表征了解地层特性和结构安全性能所能提供的价值量大小[7]。目前场地信息量分析在岩土工程中得到了一定的应用[3~6]，但是大多没有用于指导优化设计边坡钻孔布置方案(即确定最优钻孔位置和最佳钻孔间距等)。场地信息量分析的基本概念是量化某一勘查方案对优化决策的影响。岩土工程中优化决策是指使得岩土结构总的预期成本最小的决策,其中预期成本包括建设费用、维护费用和工程失效耗资。一个勘查方案的潜在试验结果关系到结构失效概率和预期成本。场地勘查方案的优化是指在进行现场试验之前从所有可能出现的试验结果中寻找使得预期成本有最大程度降低的试验方案。

某一边坡场地的决策问题应为是否需要进行工程维护,如为了提高边坡稳定性可能进行的工程维护,包括进行锚杆(索)加固、设置防渗和排水设施等。将进行工程维护的决策定义为 a_m,不进行任何工程维护的决策定义为 a_0。决策 a_0 的预期成本为

$$E[C|a_0]=C_f P(\Omega_F) \tag{6.1}$$

式中,C_f 为边坡失稳造成的损失;$P(\Omega_F)$为边坡先验失效概率。

相比之下,决策 a_m 的预期成本为

$$E[C|a_m]=C_m+C_f P(\Omega_F|a_m) \tag{6.2}$$

式中,C_m 为进行工程维护决策 a_m 所需的费用;$P(\Omega_F|a_m)$为进行工程维护决策 a_m 之后边坡的失效概率,一般可以假设 $P(\Omega_F|a_m)\ll P(\Omega_F)$。

引入 $p_{f,\text{threshold}}$表示边坡临界失效概率,也称为可接受的失效概率,定义为工程维护费用除以结构破坏造成的损失,计算表达式为

$$p_{f,\text{threshold}}=\frac{C_m}{C_f} \tag{6.3}$$

$p_{f,\text{threshold}}$取值可根据相关文献[8]或者决策者意愿确定,一般等于可接受的结构破坏概率。如果 $P(\Omega_F)>p_{f,\text{threshold}}$,则需要进行工程维护。通常在进行场地勘查试验之前,对场地地层特性了解不够深入,从而对岩土体参数先验信息的表征存在不确定性,因此 $P(\Omega_F)$较大,一般$P(\Omega_F)>p_{f,\text{threshold}}$。因此,先验优化决策通常是 $a_{opt}=a_m$,对应的预期成本为 $E[C|a_{opt}]\approx C_m$。

假设用一组了解地层特性的钻孔试验表示场地信息事件 Ω_Z,融入场地信息事件 Ω_Z 后,如果后验失效概率 $P(\Omega_F|\Omega_Z)>p_{f,\text{threshold}}$,则最优决策 $a_{opt|Z}=a_m$,否则 $a_{opt|Z}=a_0$。据此,基于场地信息事件 Ω_Z 后验最优决策的预期成本为

$$E(C\mid a_{opt|Z})=\begin{cases}C_m, & P(\Omega_F|\Omega_Z)>p_{f,\text{threshold}}\\ C_f P(\Omega_F|\Omega_Z), & P(\Omega_F|\Omega_Z)\leqslant p_{f,\text{threshold}}\end{cases} \tag{6.4}$$

此外,先验最优决策的预期成本与基于场地信息事件 Ω_Z 后验最优决策

的预期成本之差可以采用条件信息量 CVoI_Z 表示，计算表达式为

$$\mathrm{CVoI}_Z = E(C|a_{\mathrm{opt}}) - E(C|a_{\mathrm{opt}|Z}) \tag{6.5}$$

将式(6.4)代入式(6.5)，可得

$$\mathrm{CVoI}_Z = \begin{cases} 0, & P(\Omega_F \mid \Omega_Z) > p_{\mathrm{f,threshold}} \\ [p_{\mathrm{f,threshold}} - P(\Omega_F \mid \Omega_Z)]C_{\mathrm{f}}, & P(\Omega_F \mid \Omega_Z) \leqslant p_{\mathrm{f,threshold}} \end{cases} \tag{6.6}$$

由式(6.6)可知，如果基于场地信息事件 Ω_Z 的后验失效概率 $P(\Omega_F|\Omega_Z)$ 小于边坡临界失效概率 $p_{\mathrm{f,threshold}}$，则开展场地勘查试验或监测将非常有价值。图 6.1 给出了场地信息事件 Ω_Z 的条件信息量随后验失效概率的变化关系，图中纵坐标采用对数坐标，零值没有标示出来，另外取 $C_{\mathrm{f}}=1.0\times10^4$。由图 6.1 可知，对于不同的临界失效概率，条件信息量随着后验失效概率的增加而减小，当后验失效概率接近临界失效概率时，条件信息量达到最小值。因此，后验失效概率比临界失效概率越小，则从某钻孔获得的现场试验数据对了解地层特性和边坡稳定性能提供的信息价值越大。

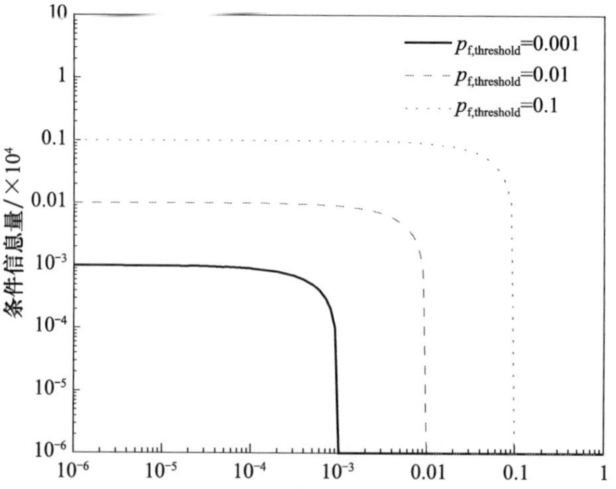

图 6.1　条件信息量随后验失效概率的变化关系

信息量是条件信息量针对所有可能的试验结果的期望值。为了确保所模拟的现场试验数据的无偏性，通常利用信息量来表征场地信息对边坡可靠度更新和信息量分析的影响。在岩土工程地质勘查中，试验数据等场地信息一般是一个连续量，有

$$\Omega_Z = \{\boldsymbol{X}^{\mathrm{m}} = \boldsymbol{x}^{\mathrm{m}}\} \tag{6.7}$$

式中，$\boldsymbol{X}^{\mathrm{m}}$ 为表征测量不确定性的随机向量；$\boldsymbol{x}^{\mathrm{m}}$ 为测量值。

据此，可得信息量的计算表达式为

$$\mathrm{VoI}=\int_{\boldsymbol{X}^{\mathrm{m}}}\mathrm{CVoI}_Z f_{\boldsymbol{X}^{\mathrm{m}}}(\boldsymbol{x}^{\mathrm{m}})\mathrm{d}\boldsymbol{x}^{\mathrm{m}} \tag{6.8}$$

式中，$f_{\boldsymbol{X}^{\mathrm{m}}}(\boldsymbol{x}^{\mathrm{m}})$为 $\boldsymbol{X}^{\mathrm{m}}$ 的联合概率密度函数。

本书将信息量分析拓展到确定边坡最优的钻孔位置和最佳的钻孔间距。信息量越大，表示通过某种钻孔布置方案获取的试验数据对了解地层特性和边坡稳定性能提供的信息价值越大，即所设计的钻孔位置和钻孔间距越合理；反之，信息量越小，表示通过某钻孔布置方案获取的试验数据对了解地层特性和边坡稳定性能提供的信息价值越小。虽然$f_{\boldsymbol{X}^{\mathrm{m}}}(\boldsymbol{x}^{\mathrm{m}})$的计算表达式未知，式(6.8)直接积分计算的难度较大，但是可以基于模拟的不同现场试验数据采用蒙特卡罗模拟进行多次贝叶斯更新计算，由此信息量可近似估计为

$$\mathrm{VoI}\approx\frac{1}{n_{\mathrm{s}}}\sum_{i=1}^{n_{\mathrm{s}}}\mathrm{CVoI}_{Z_i} \tag{6.9}$$

式中，n_{s} 为现场试验次数，每次试验可以获得 n_{d} 组试验数据。

为了保证蒙特卡罗模拟计算的收敛性，采用准随机抽样方法[9,10]模拟虚拟的现场试验数据。准随机样本可以借助 MATLAB 中 sobolset 函数来生成。据此，对于给定的一组试验数据 $\boldsymbol{x}^{\mathrm{m}}$，可直接在贝叶斯更新基础上进行场地信息量分析得到信息量，无需进行额外的确定性边坡稳定性分析。

6.2　不排水饱和黏土边坡

下面以不排水饱和黏土边坡为例来验证提出方法的有效性，边坡计算模型如图 6.2 所示，坡高为 10m，坡角为 26.6°。Griffiths 和 Fenton[11]也对该边坡稳定进行了可靠度分析，但是都没有考虑不排水抗剪强度参数非平稳分布特征。本节将不排水抗剪强度参数 s_{u} 模拟为非平稳对数正态随机场，土体重度视为常量，取 $\gamma_{\mathrm{sat}}=20\mathrm{kN/m^3}$[11]。

6.2.1　参数先验信息

岩土体参数先验信息对边坡钻孔布置方案优化设计具有重要的影响，本章采用第 3 章建立的非平稳随机场模型 5 描述不排水抗剪强度参数的先验信息，下面首先讨论模型参数的取值问题。由文献[12]可知，软、硬和很硬塑性无机黏土层的不固结黏聚力分别在 10～20kPa、20～50kPa 和 50～100kPa

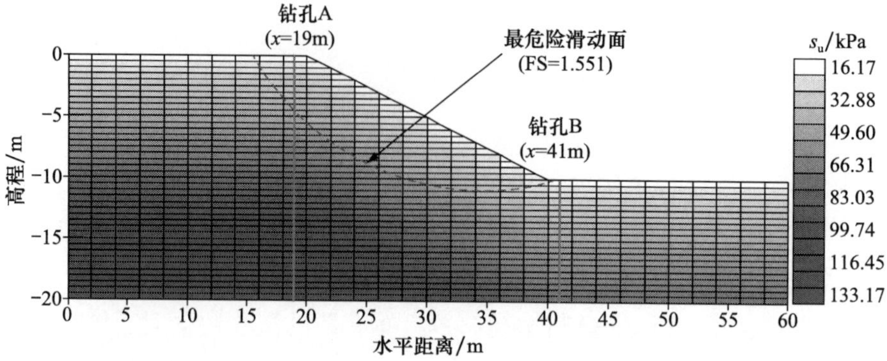

图 6.2　坡高 10m 的非均质边坡计算模型及稳定性分析结果

变化，以软塑性无机黏土层为例，采用对数正态分布模拟 s_{u0} 的不确定性，将相应的下限值 10kPa 和上限值 20kPa 分别取作 s_{u0} 的 10% 和 90% 分位数，获得 s_{u0} 的先验均值 $\mu'_{s_{u0}}$ 和先验标准差 $\sigma'_{s_{u0}}$ 分别为 14.669kPa 和 4.034kPa。由文献[2]可知，$[s_u(z)-s_{u0}]/\sigma'_v$ 均值和标准差的统计范围分别为 0.23～1.4 和 0.01～1.26，将趋势分量参数 t 模拟为先验均值 μ'_t 为 0.3、先验标准差 σ'_t 为 0.09 的对数正态随机变量。为了说明土体参数先验概率分布对场地勘查方案优化设计的影响，另外选用正态分布和极值Ⅰ型分布作为 s_{u0} 和 t 的先验概率分布进行比较。当分析不同先验概率分布的影响时，保持 s_{u0} 的 10% 和 90% 分位数($Q_{10\%}$=10kPa 和 $Q_{90\%}$=20kPa)相同，保持 t 的先验均值和先验标准差相同。s_{u0} 和 t 的先验统计特征如表 6.1 所示。

表 6.1　s_{u0} 和 t 的先验统计特征

土体参数	分位数	均值	标准差	概率分布
s_{u0}	$Q_{10\%}$=10kPa	14.669kPa	4.041kPa	对数正态分布
		15.000kPa	3.900kPa	正态分布
	$Q_{90\%}$=20kPa	14.575kPa	4.158kPa	极值Ⅰ型分布
t	—	0.3	0.09	对数正态分布
		0.3	0.09	正态分布
		0.3	0.09	极值Ⅰ型分布

将随机波动分量 $w(\boldsymbol{q})$ 模拟为先验均值 $\mu'_w=0$、先验标准差 $\sigma'_w=\sqrt{\ln(\delta^2+1)}\approx\delta$ 的平稳正态随机场。Phoon 和 Kulhawy[13] 统计得出，由 VST 获得的不排水抗剪强度参数的变异系数 δ 的变化范围为 0.04～0.44，均值为 0.24，取 δ=0.24。采用 Karhunen-Loève 级数展开方法模拟二维各

向异性平稳正态随机场 $w(\boldsymbol{q})$，选用式(3.12)所示的指数型自相关函数表征 $w(\boldsymbol{q})$ 的空间自相关性。由现场 VST 获得的 s_u 的水平波动范围和垂直波动范围分别取 38m 和 3.8m[13]。接着将边坡区域共剖分为 910 个随机场单元水平尺寸和垂直尺寸分别为 $l_x=2.0$m 和 $l_z=0.5$m 的四边形和三角形混合随机场单元，如图 6.2 所示。由第 3 章可知，随机场单元尺寸($l_x/\lambda_h=0.053$ 和 $l_z/\lambda_v=0.132$)可满足计算精度要求。一旦确定了先验概率模型参数取值和随机场单元网格之后，便可产生非平稳随机场 $\boldsymbol{s}_u(\boldsymbol{q})$ 实现值。

将 s_u 的先验均值 μ'_{s_u} 赋给边坡模型，如图 6.2 所示，图中颜色较深部分表示参数值较大区域，颜色较浅部分表示参数值较小区域。不排水抗剪强度参数均值沿埋深逐渐增加，在此基础上采用简化毕肖普法计算的边坡安全系数为 1.551，自动搜索的最危险滑动面如图 6.2 虚线所示。同样，该边坡失效模式不受边界条件的约束，与均质黏土边坡深层破坏模式明显不同，主要表现为沿坡趾发生浅层失稳破坏，与实际情况吻合。基于不利用任何现场试验数据的 s_u 完全随机场模型，重复进行 20 次独立的子集模拟($N_1=1000$ 和 $p_0=0.1$)计算取平均值，得到边坡先验失效概率为 3.52×10^{-2}。

6.2.2　试验数据及似然函数

根据参数先验信息模拟来自现场 VST 的多组虚拟试验数据，用于贝叶斯更新计算和场地信息量分析。可建立空间某一位置 q_i^m 处不排水抗剪强度参数的试验数据 $s_{u,i}^m$ 与融合测量不确定性和模型转换不确定性的总误差 ε_i 之间的乘法关系：

$$s_{u,i}^m=s_u(q_i^m)\varepsilon_i,\quad i=1,2,\cdots,n_d \tag{6.10}$$

式中，$q_i^m=(x_i^m,z_i^m)$ 为二维空间区域内第 i 个取样点坐标；$s_u(q_i^m)$ 为 q_i^m 处不排水抗剪强度参数随机场实现值。

根据一阶近似理论，每个取样点处的总误差 ε_i 的自然对数可近似表示为测量误差 ε_i^m 和转换误差 ε_i^t 的自然对数之和，即

$$\ln\varepsilon_i=\ln\varepsilon_i^m+\ln\varepsilon_i^t \tag{6.11}$$

一般来说，试验装置与仪器问题以及操作不当造成的不同取样点处的测量误差 ε_i^m 相互独立[14,15]，同一土层不同取样点处的模型转换误差 ε_i^t 完全相关[16]，同一取样点处的测量误差 ε_i^m 与模型转换误差 ε_i^t 之间通常相互独立，由此可得不同取样点处的总误差 ε_i 相互之间存在一定的相关性。根据式(6.11)，可计算得到任意两个取样点 q_i^m 和 q_j^m 处 $\ln\varepsilon_i$ 和 $\ln\varepsilon_j$ 之间的协方差 $\Sigma_{i,j}$ 为

$$\Sigma_{i,j}=\begin{cases}\ln(\mathrm{COV}_{\varepsilon_i^m}^2+1)+\ln(\mathrm{COV}_{\varepsilon_i^t}^2+1), & i=j\\ \ln(\mathrm{COV}_{\varepsilon_i^t}^2+1), & i\neq j\end{cases} \tag{6.12}$$

式中，$\mathrm{COV}_{\varepsilon_i^m}$、$\mathrm{COV}_{\varepsilon_i^t}$分别为测量误差和模型转换误差的变异系数。由文献[17]可知，对于现场 VST，$\mathrm{COV}_{\varepsilon_i^m}$和 $\mathrm{COV}_{\varepsilon_i^t}$的变化范围分别为 0.1～0.2 和 0.075～0.15，本例取 $\mathrm{COV}_{\varepsilon_i^m}=0.1$ 和 $\mathrm{COV}_{\varepsilon_i^t}=0.075$。

沿钻孔不同取样点处的 s_u 虚拟试验数据模拟步骤如下：

(1) 产生一组独立标准正态准随机样本，采用 Karhunen-Loève 级数展开方法产生随机场实现值 $s_u(q_i^m)$。

(2) 将 $s_u(q_i^m)$与总误差 ε_i 实现值相乘得到沿钻孔每个取样点处的 s_u 试验数据 $s_{u,i}^m$。

(3) 将步骤(1)和(2)重复进行 n_s 次，便可获得 n_s 组虚拟的现场试验数据。

其中关键一步是计算总误差 ε_i 实现值，假设 ε_i 服从中值为 1、标准差为某一常数的对数正态分布，则 ε_i 实现值的计算表达式为

$$\boldsymbol{\varepsilon}=\exp(\boldsymbol{\mu}_{\ln\varepsilon}+\boldsymbol{L}\boldsymbol{\xi}) \tag{6.13}$$

式中，$\boldsymbol{\xi}=[\xi_1,\xi_2,\cdots,\xi_{n_d}]^{\mathrm{T}}$ 为维度为 $n_d\times 1$ 的独立标准正态样本向量，采用准随机抽样方法产生；$\boldsymbol{L}$ 为维度为 $n_d\times n_d$ 的下三角矩阵。

通过对维度为 $n_d\times n_d$ 的协方差矩阵 $\boldsymbol{\Sigma}$ 进行乔列斯基分解，得到

$$\boldsymbol{L}\boldsymbol{L}^{\mathrm{T}}=\boldsymbol{\Sigma} \tag{6.14}$$

需要指出的是，模拟来自现场 VST 的试验数据时，需遵照现场 VST 规程，同一钻孔试验数据的常规取样间距一般取 1.0m[1]。一旦模拟获得了虚拟的现场试验数据，便可建立贝叶斯分析所需的似然函数为

$$L(\boldsymbol{x})=k\exp\left\{-\frac{1}{2}\ln\boldsymbol{s}_u^m-\ln\boldsymbol{s}_u(\boldsymbol{q}^m)^{\mathrm{T}}\boldsymbol{\Sigma}^{-1}[\ln\boldsymbol{s}_u^m-\ln\boldsymbol{s}_u(\boldsymbol{q}^m)]\right\} \tag{6.15}$$

式中，$k=[(2\pi)^{n_d/2}|\boldsymbol{\Sigma}|^{1/2}]^{-1}$，为比例常数；$\boldsymbol{s}_u^m=[s_{u,1}^m,s_{u,2}^m,\cdots,s_{u,n_d}^m]^{\mathrm{T}}$；$\boldsymbol{q}^m=[q_1^m,q_2^m,\cdots,q_{n_d}^m]^{\mathrm{T}}$；$\boldsymbol{\Sigma}^{-1}$为协方差矩阵 $\boldsymbol{\Sigma}$ 的逆矩阵。

6.2.3　钻孔布置方案优化设计流程及结果

边坡钻孔布置方案优化设计流程简化如下：

(1) 提前从坡面上选择一些代表性的钻孔位置和钻孔间距。

(2) 以不同代表性的钻孔位置和钻孔间距模拟进行多次现场 VST 获得虚拟的不排水抗剪强度参数现场试验数据。

(3) 基于这些虚拟的现场试验数据采用 BUS 方法进行贝叶斯更新计算和场地信息量分析获得每个代表性钻孔位置和钻孔间距对应的场地信息量。

(4) 将最大场地信息量对应的钻孔位置和钻孔间距分别视为最优钻孔位置和最佳钻孔间距。

图 6.3(a)和(b)分别给出了在水平位置 $x=19$m 和 41m 处钻孔模拟的 5 组虚拟的现场 VST 数据，其钻孔深度分别为 20m 和 10m，每个钻孔取样间距都是 1.0m。显然，所模拟的 s_u^m 试验数据的均值和标准差沿埋深均呈现近似线性增加的趋势。对于每一组试验数据，采用 BUS 方法计算边坡后

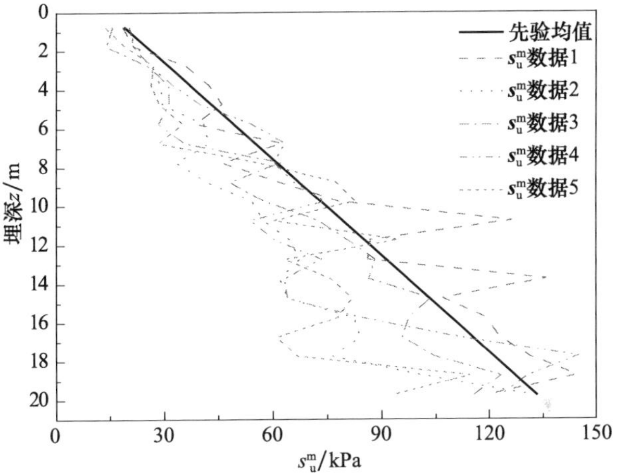

(a) x=19m

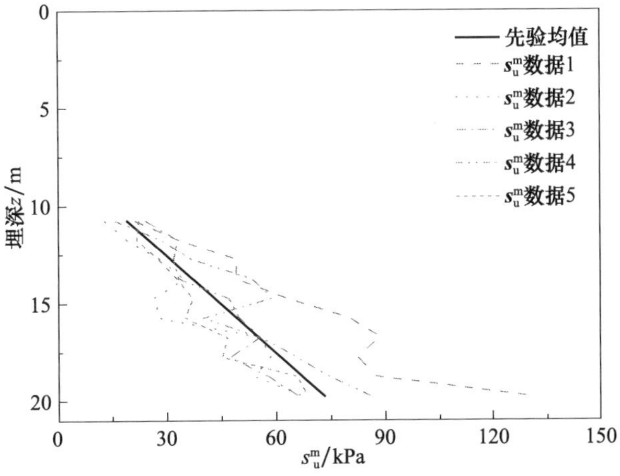

(b) x=41m

图 6.3　5 组虚拟的现场 VST 数据

验失效概率，见式(2.68)，为保证计算结果的稳健性，重复进行20次独立子集模拟($N_1=1000$ 和 $p_0=0.1$)计算取平均值得到边坡后验失效概率。接着利用式(6.9)估计场地信息量，并通过比较场地信息量值的大小来优化设计边坡钻孔布置方案。为简化计算，本章取 $C_f=1.0\times10^4$，$p_{f,\text{threshold}}=0.001$。需要说明的是，这样取值不会影响边坡最优钻孔位置和最佳钻孔间距的确定。由图6.1可知，如果$P(\Omega_F|\Omega_Z)<10^{-4}$，条件信息量的计算结果基本没有影响，但是采用BUS方法计算小于10^{-4}的后验失效概率，所需的确定性边坡稳定分析的计算量非常大。因此，在计算操作中定义，一旦$P(\Omega_F|\Omega_Z)<10^{-4}$，便终止当前贝叶斯更新计算并取$P(\Omega_F|\Omega_Z)=10^{-4}$计算场地信息量，这样可以在保证计算精度的同时大大提高计算效率。

为了说明现场试验模拟次数 n_s 对场地信息量的影响，下面以位于边坡水平位置 $x=23\text{m}$ 的钻孔A为例，取 n_s 由100变化至200进行参数敏感性分析。以模拟的其中一组虚拟的现场VST数据为例，采用BUS方法计算场地信息事件 Ω_Z 发生的概率$P(\Omega_Z)$。表6.2给出了利用式(2.56)中似然函数乘子 c 的自适应计算过程，从中可得到最终的 c 值为6.73，$P(\Omega_Z)$为9.49×10^{-9}。然后基于$c=6.73$以边坡失效区域为目标区域再进行新一轮子集模拟计算，见式(2.68)，计算的边坡后验失效概率为2.41×10^{-4}，再通过式(6.9)计算得到信息量为$7.59\times10^{-4}C_f$。类似地，可计算其他组虚拟的现场试验数据对应的信息量。

表6.2 似然函数乘子 c 的自适应计算过程

子集模拟层数 i	c_{i-1}	$\max\{L(\boldsymbol{x}_{i,k}),k=1,2,\cdots,N_1\}$	$\max\{c_{i-1}^{-1},\{L(\boldsymbol{x}_{i,k}),k=1,2,\cdots,N_1\}\}$	c_i
1	—	1.06×10^{-7}	1.06×10^{-7}	9476353.55
2	9476353.55	5.23×10^{-6}	5.23×10^{-6}	191103.47
3	191103.47	3.52×10^{-5}	3.52×10^{-5}	28438.07
4	28438.07	1.91×10^{-4}	1.91×10^{-4}	5241.34
5	5241.34	9.48×10^{-4}	9.48×10^{-4}	1055.30
6	1055.30	1.17×10^{-2}	1.17×10^{-2}	85.65
7	85.65	0.149	0.149	6.73
8	6.73	0.149	0.149	6.73
9	6.73	0.149	0.149	6.73

图 6.4 给出了信息量及其 95%置信区间随现场试验次数 n_s 的变化关系。由图可知，由 95%置信区间表征的信息量变异性随着 n_s 的增加而逐渐减小；当 n_s 达到 200 时，信息量变异性的减小不明显，但围绕其平均值上下波动且处于可接受的范围内。一般来说，模拟的现场试验次数越多(即 n_s 越大)，获得的信息量越准确，但是相应的计算量也会急剧增加。这是因为对于每次现场模拟试验，均需进行 20 次独立的贝叶斯更新计算。

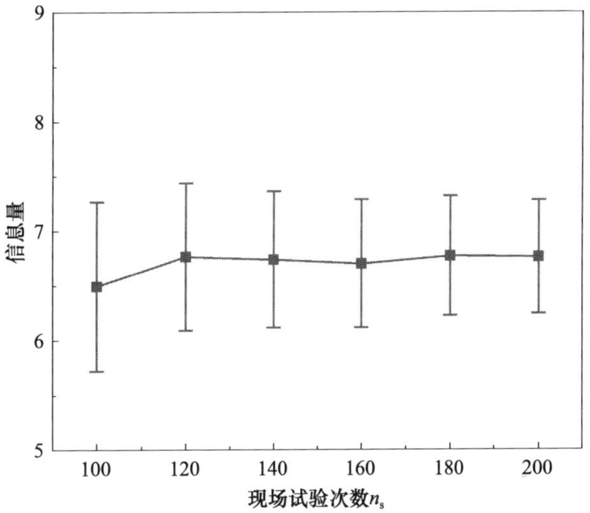

图 6.4　信息量及其 95%置信区间随现场试验次数的变化关系(x=23m)

此外，图 6.5 进一步比较了基于不同试验数据获得的信息量随钻孔位置的变化关系，可见当 n_s 分别取 160、180 和 200 时，获得的信息量随钻孔位置的变化趋势基本一致，而边坡钻孔布置方案优化设计恰恰关注的是信息量随钻孔位置或钻孔间距的变化趋势。因此，为兼顾计算精度和效率要求，沿每一钻孔进行 200 次现场 VST 模拟试验。

为了降低边坡工程勘查成本和避免开展不必要的现场钻孔试验，提前优化设计边坡钻孔布置方案是十分必要的。如前所述，信息量越大，表示从某一钻孔位置获得的现场试验数据对了解地层特性和边坡稳定性能提供的信息价值越大，即该钻孔位置越重要。

图 6.5 给出了信息量随钻孔位置的变化关系，根据其变化趋势可确定边坡的最优钻孔位置。由图 6.5 可知，当钻孔位置由边坡左侧(x=1m)逐渐变化到边坡右侧(x=59m)时，信息量先增加后减小，在坡顶附近位置处

(x=23m)达到最大值(6.76),在坡趾右侧(x=57m)降低至最小值(4.09)。由此可推测,边坡坡面靠近坡顶区域为场地勘查试验的最优钻孔位置。这主要是因为考虑不排水抗剪强度参数随埋深逐渐增加的非平稳分布特性,坡面靠近坡顶区域是边坡最易发生失稳破坏的区域。因此,如果在这一区域进行现场钻孔试验,所获得的试验数据能够更客观地反映地层特性和边坡稳定性能。

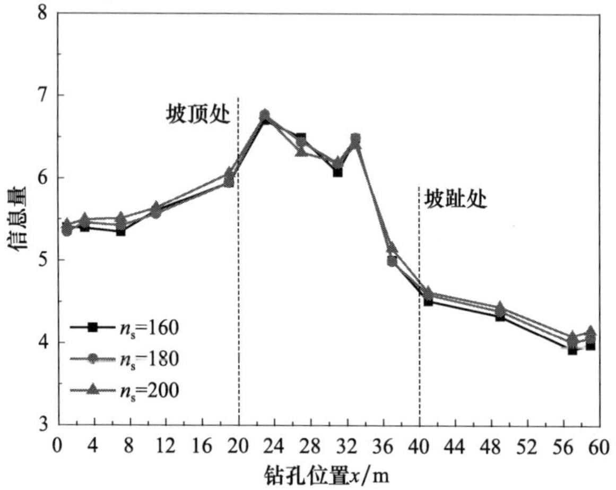

图 6.5　基于不同试验数据获得的信息量随钻孔位置的变化关系

图 6.6 比较了土体参数(s_{u0} 和 t)先验概率分布对信息量的影响。由

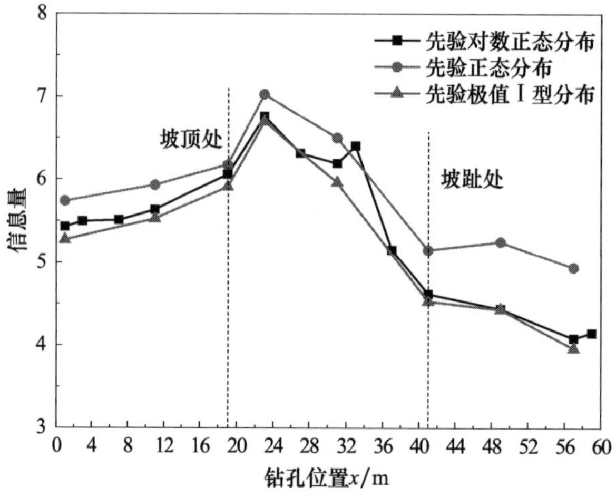

图 6.6　土体参数先验概率分布对信息量的影响

图 6.6 可知，当 s_{u0} 和 t 均分别服从对数正态分布、正态分布和极值 Ⅰ 型分布时，虽然计算的信息量值不同，但是信息量随钻孔位置的变化趋势相似。而信息量随钻孔位置的变化趋势恰恰是场地勘查方案优化设计所关注的，这可说明对土体参数(s_{u0} 和 t)选择不同的先验概率模型不会影响边坡最优钻孔位置的确定。

此外，为了掌握更全面的地层信息，所需的钻孔数目一般较多，在耗费最少工程勘查成本的前提下，为获得更多有价值的现场试验数据，还常会涉及确定最佳钻孔间距的问题。下面采用 BUS 方法确定两个钻孔之间的最佳钻孔间距，第 1 个钻孔 A 的位置取由图 6.5 确定的最优钻孔位置($x_1=23$m)，第 2 个钻孔 B 的位置任意选取。根据 Lloret-Cabot 等[18]的建议，为反映岩土体参数水平空间变异性的影响，选取的最佳钻孔间距 d 需要尽可能小于参数水平波动范围($\lambda_h=38$m)。在这个前提下，取钻孔 A 与钻孔 B 之间不同的水平间距(<38m)来模拟现场 VST 数据，再分别进行贝叶斯更新和场地信息量分析计算信息量。图 6.7 给出了信息量随第 2 个钻孔位置的变化关系。由图 6.7 可知，钻孔间距对场地信息量也有一定的影响，当第 2 个钻孔位置 x_2 由 1m 变化到 57m 时，信息量变化较为明显。根据信息量随第 2 个钻孔位置的变化趋势，可以确定最大信息量(7.17)对应的 $x_2=33$m 为第 2 个最优钻孔位置，对应的最

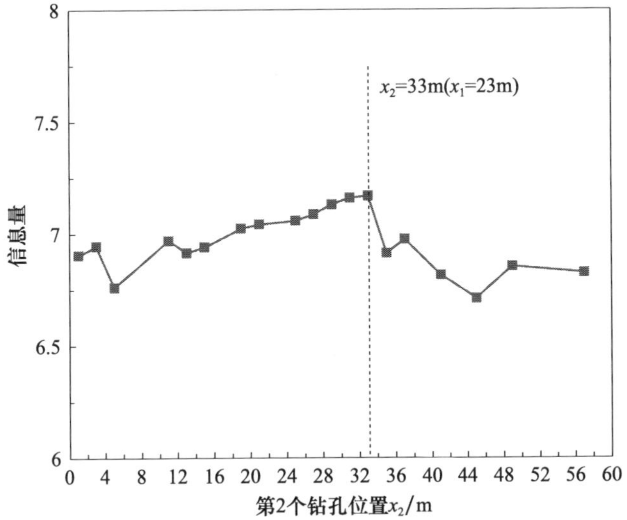

图 6.7　信息量随第 2 个钻孔位置的变化关系

佳钻孔间距为 $d=10$m。从而也说明并不是钻孔间距越小，所获得的现场试验数据对了解地层特性和边坡稳定性能提供的信息价值越大。

采用本章提出的方法还可以估计任意给定的两个钻孔 A 和 B(水平间距为 $d=|x_2-x_1|$)对应的信息量，如表 6.3 所示。由表 6.3 可知，不同钻孔间距对应的信息量相差很大，通过比较可知最大信息量(7.13)对应的最佳钻孔间距为 6m，即坡面附近的两个位置($x_1=23$m 和 $x_2=29$m)进行钻孔获得的现场试验数据可对了解地层特性和边坡稳定性能提供更大的信息价值。类似地，可将贝叶斯更新和场地信息量分析拓展到含多个钻孔的边坡场地勘查方案优化设计中。

表 6.3　不同钻孔间距对应的信息量

x_2/m	信息量			
	$x_1=23$m	$x_1=27$m	$x_1=31$m	$x_1=35$m
13	6.92 ($d=10$m)	6.72 ($d-14$m)	6.50 ($d=18$m)	5.91 ($d=22$m)
21	7.04 ($d=2$m)	6.76 ($d=6$m)	6.85 ($d=10$m)	6.16 ($d=14$m)
29	7.13 ($d=6$m)	6.54 ($d=2$m)	6.49 ($d=2$m)	6.16 ($d=6$m)
37	6.97 ($d=14$m)	6.57 ($d=10$m)	6.37 ($d=6$m)	5.43 ($d=2$m)
45	6.71 ($d=22$m)	6.33 ($d=18$m)	6.37 ($d=14$m)	5.43 ($d=10$m)

注：括号内的数据表示任意给定的两个钻孔 A 和 B 之间的水平间距 d，$d=|x_2-x_1|$。

最后为了说明测量不确定性和模型转换不确定性对边坡场地勘查方案优化设计的影响，取钻孔位置 $x=23$m 和不同的总误差变异系数模拟虚拟的现场 VST 数据，并计算场地信息量。图 6.8 给出了信息量随总误差变异系数的变化关系，当总误差变异系数由 0.125 增加到 0.25 时，信息量由 6.76 减小到 3.97。表明测量不确定性或模型转换不确定性引起的误差增加会削弱某钻孔布置方案获取的现场试验数据对了解地层特性和边坡稳定性能提供的信息价值，从而影响边坡场地勘查方案优化设计。因此，开展现场试验需要严格控制现场地质勘查试验操作程序以降低测量误差和模型转换误差。

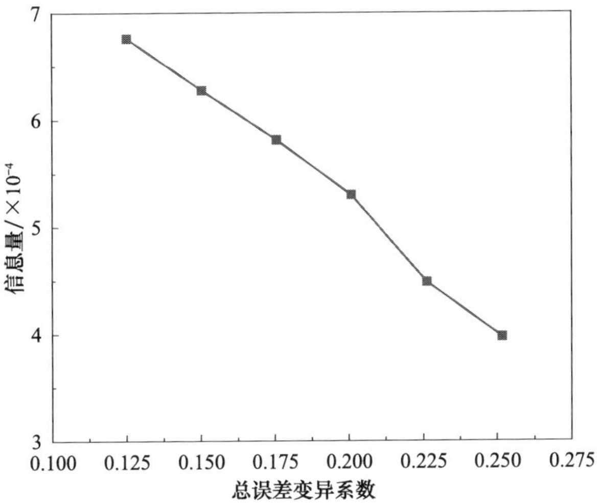

图 6.8　信息量随总误差变异系数的变化关系(x=23m)

6.3　本 章 小 结

本章提出了基于贝叶斯更新和场地信息量分析的边坡场地勘查方案优化设计方法，通过场地信息量分析，将先验和后验场地失效引起的期望成本之差最大对应的决策方案视为最优的边坡场地勘查方案，并通过饱和黏土边坡算例验证了提出方法的有效性。主要结论如下：

(1) 提出方法基于 BUS 方法估计空间变异岩土体参数统计特征和边坡后验失效概率，通过场地信息量分析(无需额外的确定性边坡稳定性分析)确定边坡最优钻孔位置和最佳钻孔间距，实现了在进行边坡场地勘查试验之前仅利用现有的参数先验信息有效确定最优钻孔位置和最佳钻孔间距。

(2) 提出方法利用岩土体参数先验非平稳随机场模型及测量误差与模型转换误差的统计特征模拟现场试验数据。现场试验模拟次数对边坡钻孔布置方案优化设计具有一定的影响，应尽可能保证现场试验次数足够大，使得场地信息量随钻孔位置和钻孔间距的变化趋势基本保持不变。就本章边坡算例而言，最优钻孔位置为 x_1=23m，其次为 x_2=33m，对应的最佳钻孔间距为 10m。此外，并不是钻孔间距越小，所获得的试验数据对了解地层特性和边坡稳定性能提供的信息价值越大。

(3) 测量不确定性和模型转换不确定性对从现场试验数据获取的信息

量具有重要的影响，进而影响边坡场地勘查方案优化设计，因此需要严格控制现场地质勘查试验操作程序以降低测量误差和模型转换误差。

本章仅研究了边坡钻孔布置方案（钻孔位置和钻孔间距）的二维平面优化设计问题，然而实际三维复杂边坡场地勘查方案优化设计仍是一个关键技术难题，所涉及的钻孔数目更多，钻孔位置、钻孔间距以及钻孔布置方案的优化问题变得更为复杂，值得进一步深入研究。

参考文献

[1] Mayne P W, Christopher B R, de Jong J. Subsurface investigations-geotechnical site characterization, No. FHWA NHI-01-031[R]. Federal Highway Administration, U. S. Department of Transportation, Washington D C, 2002.

[2] Cao Z J, Wang Y, Li D Q. Quantification of prior knowledge in geotechnical site characterization[J]. Engineering Geology, 2016, 203: 107-116.

[3] Zetterlund M S, Norberg T, Ericsson L O, et al. Value of information analysis in rock engineering: A case study of a tunnel project in Äspö Hard Rock Laboratory[J]. Georisk, 2015, 9(1): 9-24.

[4] Zetterlund M S, Norberg T, Ericsson L O, et al. Framework for value of information analysis in rock mass characterization for grouting purposes. Journal of Construction Engineering and Management, 2011, 137(7): 486-497.

[5] Sousa R, Karam K S, Costa A L, et al. Exploration and decision-making in geotechnical engineering—A case study[J]. Georisk, 2017, 11(1): 129-145.

[6] Thöns S. On the value of monitoring information for the structural integrity and risk Management[J]. Computer-Aided Civil and Infrastructure Engineering, 2018, 33(1): 79-94.

[7] Straub D. Value of information analysis with structural reliability methods[J]. Structural Safety, 2014, 49: 75-85.

[8] U. S. Army Corps of Engineers. Engineering and design: introduction to probability and reliability methods for use in geotechnical engineering[R]. Department of the Army, Washington D C, Engineer Technical Letter, 1997.

[9] Niederreiter H. Random number generation and quasi-Monte Carlo methods[C]//Society for Industrial and Applied Mathematics, Philadelphia, 1992.

[10] Shinoda M. Quasi-Monte Carlo simulation with low-discrepancy sequence for reinforced soil slopes[J]. Journal of Geotechnical and Geoenvironmental Engineer-

ing,2007,133(4):393-404.

[11] Griffiths D V,Fenton G A. Probabilistic slope stability analysis by finite elements[J]. Journal of Geotechnical and Geoenvironmental Engineering,2004,130(5):507-518.

[12] Rackwitz R. Reviewing probabilistic soils modelling[J]. Computers and Geotechnics,2000,26(3):199-223.

[13] Phoon K K,Kulhawy F H. Characterization of geotechnical variability[J]. Canadian Geotechnical Journal,1999,36(4):612-624.

[14] Degroot D J,Baecher G B. Estimating autocovariance of in-situ soil properties[J]. Journal of Geotechnical Engineering,1993,119(1):147-166.

[15] El-Ramly H,Morgenstern N R,Cruden D M. Probabilistic slope stability analysis for practice[J]. Canadian Geotechnical Journal,2002,39(3):665-683.

[16] Cao Z J,Wang Y,Li D Q. Site-specific characterization of soil properties using multiple measurements from different test procedures at different locations—A Bayesian sequential updating approach[J]. Engineering Geology,2016,211:150-161.

[17] Phoon K K,Kulhawy F H. Evaluation of geotechnical property variability[J]. Canadian Geotechnical Journal,1999,36(4):625-639.

[18] Lloret-Cabot M,Fenton G A,Hicks M A. On the estimation of scale of fluctuation in geostatistics[J]. Georisk,2014,8(2):129-140.

第7章 结　　语

本章从以下四个方面简要总结了本书的主要研究工作，并对尚需要进一步深入研究的问题进行了展望。

1. 关于边坡贝叶斯更新理论及方法研究

(1) 阐述了边坡贝叶斯更新理论及方法的研究背景及研究意义，回顾了贝叶斯更新方法的国内外研究现状及发展动态。发展了自适应贝叶斯更新方法，该方法通过构建场地信息失效区域，将贝叶斯更新问题转换为等效的结构可靠度问题，关键是求解构建场地信息失效区域的似然函数乘子。通过贝叶斯更新可以实现基于有限的多源场地信息（试验数据、监测资料和观测信息等）推断岩土体参数后验概率分布，从而为解决考虑岩土体参数空间变异性的边坡参数概率反演及可靠度更新的难题提供了一条有效的途径。

(2) 以单变量无限长边坡为例，探讨了岩土体参数先验概率分布、似然函数和样本量对边坡可靠度更新的影响。参数先验概率分布对边坡可靠度更新具有重要的影响，基于贝塔分布和极值Ⅰ型分布获得的边坡可靠度更新结果分别偏于保守和危险，基于常用的正态分布和对数正态分布获得的边坡可靠度更新结果居中，可见在边坡工程勘查与可行性设计阶段需要尽可能准确地确定岩土体参数先验概率分布。相比之下，似然函数对边坡可靠度更新的影响相对较小。与信息化较强的先验信息条件下似然函数对边坡后验失效概率的影响相比，信息化较弱的先验信息条件下似然函数的影响相对较小。此外，试验样本量越大，通过贝叶斯更新越能降低对岩土体参数总的不确定性的估计，相应的边坡可靠度水平越高。然而，当样本量增大到一定程度时，样本量对边坡可靠度更新的影响不大。

(3) 为简化计算，通常将由不同试验方法和监测技术手段引起的测量误差和模型转换误差模拟为均值为0、标准差为某一常数的正态随机变量，或中值为1.0、标准差为某一常数的对数正态随机变量。另外，假定不同试验的测量误差之间相互独立，这种做法与岩土工程实际之间的一致性有待验证，关于测量误差间的自相关性对边坡参数不确定性估计及可靠度更新的影响需要进一步研究。如何合理估计并准确表征不同来源、不同类型试验数据和监测数据的测量不确定性与模型转换不确定性也是一个亟待解决的问题。

(4) 本书提出的自适应贝叶斯更新方法的基本原理和计算流程,对于研究生特别是设计人员和工程师等初学者来说具有一定的难度,为了使该方法在实际工程中得到推广应用,后期将开发相关的可视化计算软件,将其中复杂的数值分析用黑箱子封装起来,用户只需要通过输入界面输入参数先验信息和场地信息,进行计算分析直接在输出界面获得用户所需的参数后验概率分布、边坡后验失效概率以及最优的边坡场地勘查方案等。

2. 关于岩土体参数先验非平稳随机场模型研究

(1) 以土体不排水抗剪强度参数为例,建立了可表征参数随埋深增加特性的先验非平稳随机场模型,分别采用对数正态随机变量和平稳正态随机场模拟土体参数趋势分量和随机波动分量的不确定性。该模型能够模拟岩土体参数均值和标准差随埋深的变化特性,获得的岩土体参数实现值围绕趋势分量(参数均值)较均匀地随机波动,与工程实际较为吻合。

(2) 当趋势分量参数的变异性较大时,岩土体参数空间变异性主要体现为趋势分量的不确定性,反之体现为随机波动分量的不确定性。相比之下,现有的非平稳随机场模型通过表征某一特定参数的不确定性来同时模拟岩土体参数趋势分量和随机波动分量的不确定性,一旦这个参数的变异性较小,便会明显低估岩土体参数固有的空间变异性的影响,从而造成不合理的计算结果。此外,采用非平稳随机场模拟岩土体参数空间变异性时,参数波动范围对边坡可靠度的影响相对较小,而趋势分量参数对边坡可靠度的影响相对较大。

(3) 本书只研究了不排水抗剪强度参数随埋深的线性变化趋势,岩土工程实际中一些岩土体参数(如内摩擦角、渗透系数等)沿埋深可能存在高阶非线性变化趋势,值得进一步研究。另外,本书的非平稳随机场模拟方法仍然属于去趋势分析的范畴,岩土体参数空间自相关性随埋深变化引起的参数非平稳分布特征也需要深入研究。

(4) 本书基于多源场地信息仅更新了对岩土体参数均值、标准差和概率分布等统计特征的估计,却忽略了对岩土体参数自相关模型参数的更新。如何准确估计有限场地信息条件下岩土体参数的自相关模型参数(如波动范围)仍是一个关键技术难题。

3. 关于边坡岩土体参数概率反演及可靠度更新研究

(1) 提出了岩土体参数条件随机场模拟的 aBUS 方法和解析方法，不仅可以充分利用少量的现场试验数据更新岩土体参数统计特征，较真实地表征岩土体参数空间变异性，而且能够有效反映岩土体参数均值和标准差沿埋深变化的非平稳分布特性，使得边坡可靠度评价结果更加切合工程实际。

(2) 通过现场取样获得的试验数据越多，建立的参数条件随机场越能降低对岩土体参数不确定性的估计，进而对参数空间变异性的模拟越准确，对边坡可靠度的评价越真实。相比之下，不融合任何试验数据的完全随机场模型不能够准确地表征岩土体参数的空间变异性和预估边坡失效概率。此外，钻孔位置和钻孔布置方案对边坡可靠度更新均具有一定的影响，现场地质勘查钻孔位置选择在坡面附近区域，获得的试验数据可对推断空间变异参数后验概率分布及了解地层特性和边坡稳定性能提供更大的信息价值。

(3) 借助 aBUS 方法建立的空间变异边坡参数概率反演及可靠度更新一体化分析框架，实现了利用多源场地信息(试验数据、观测信息)概率反演空间变异岩土体参数统计特征进而更新边坡可靠度评价。常用的 ML 方法在估计参数后验协方差时采用线性函数近似非线性极限状态函数，并且没有利用参数先验信息，会导致一定的近似误差。MCMC 方法对于高维问题计算效率低，产生的马尔可夫链前期有一段较长的波动段，在一定程度上影响了计算效率与精度，而且该方法用于产生候选样本的建议概率分布中缩尺参数对样本接受率具有一定的影响，收敛性也难以得到保证。相比之下，aBUS 方法计算精度高，编程较为简便，可以较好地推断含有多个峰值(多模态)的参数后验概率分布，为解决低接受概率水平的边坡岩土体参数概率反演及可靠度更新问题提供了一个有效的工具。尽管参数先验信息与试验数据相差较远，但是获得的后验均值与试验数据保持一致，后验标准差小于先验标准差，对参数不确定性的估计明显降低。

(4) 受岩土体参数空间自相关性的影响，试验数据对钻孔取样点附近区域岩土体参数统计特征更新的影响更加明显。aBUS 方法中子集模拟每层随机样本数目对参数概率分布推断具有一定的影响，采用常用的 500 组或 1000 组样本难以获得满意的计算结果。

(5) 根据互补累积分布函数随子集模拟阈值的变化关系可以验证所建

立的定量 aBUS 方法子集模拟计算终止条件的合理性。此外,岩土体参数固有的空间变异性对参数概率反演分析具有重要的影响,考虑参数空间变异性,岩土体参数由平稳随机场更新为非平稳随机场,切合工程实际,而忽略参数空间变异性更新后的岩土体参数仍为平稳随机场。

(6) 本书通过不排水饱和黏土边坡、某高速公路滑坡和某失稳切坡等工程案例验证了提出的自适应贝叶斯更新方法在边坡参数概率反演及可靠度更新中的有效性,但是只涉及利用单独的试验数据或者现场观测信息,基于边坡变形监测数据考虑时间效应的参数序贯概率反演方法需要进一步研究,同时基于多源场地信息融合的边坡设计-施工-运行全过程参数概率反演及可靠度更新方法也值得深入研究。

4. 关于边坡场地勘查方案优化研究

(1) 提出了基于贝叶斯更新和场地信息量分析的边坡场地勘查方案优化设计方法,考虑了工程师最为关心的岩土场地失效概率(如边坡失效概率等)的影响,实现了在进行边坡场地勘查试验之前仅利用现有的参数先验信息有效确定最优钻孔位置和最佳钻孔间距。然而,该方法的一次场地信息量分析涉及几百次边坡参数概率反演及可靠度更新计算,总体来讲计算量较大,以后需要在边坡可靠度更新的基础上发展更高效的场地信息量量化方法。此外,该方法要求预先设定钻孔的位置及间距,再进行边坡场地勘查方案优化设计,为了推广该方法在边坡工程实际中的应用,需破解这一局限性。

(2) 现场试验模拟次数对边坡钻孔布置方案优化设计具有一定的影响,需尽可能保证现场试验模拟次数足够大,使得场地信息量随钻孔位置和钻孔间距的变化趋势保持不变。

(3) 现场试验造成的测量不确定性和模型转换不确定性会影响从现场试验数据获取的信息价值,进而影响边坡场地勘查方案优化设计,因此需要严格控制岩土现场地质勘查试验操作程序以尽可能降低测量误差和模型转换误差。

(4) 本书只研究了基于钻孔试验的条件随机场和二维边坡可靠度更新评价问题,然而实际工程大多是三维复杂边坡,所涉及的边坡变形破坏模式更为复杂,场地勘查试验钻孔数目和钻孔位置更多,受场地限制,钻孔间距大小不一,因此相应的钻孔布置方案优化设计以及边坡参数概率反演和可靠度分析将会更为复杂,值得深入研究。

附录　岩土工程统计分析常用的概率分布

分布类型	概率密度函数 $f(x)$	转换关系式 $x=F_X^{-1}[\Phi(\xi)]$	参数 q 和 r 与 μ_x 和 σ_x 的转换关系
均匀分布	$f(x)=\frac{1}{q-r}$	$x=\Phi(\xi)(q-r)+q$	$\begin{cases}q=\mu_x+\sqrt{3}\sigma_x\\r=\mu_x-\sqrt{3}\sigma_x\end{cases}$
正态分布	$f(x)=\frac{1}{\sqrt{2\pi}r}\exp\left[-\frac{1}{2}\left(\frac{x-q}{r}\right)^2\right]$	$x=q+r\xi$	$\begin{cases}q=\mu_x\\r=\sigma_x\end{cases}$
对数正态分布	$f(x)=\frac{1}{\sqrt{2\pi}xr}\exp\left[-\frac{1}{2}\left(\frac{\ln x-q}{r}\right)^2\right]$	$x=\exp(q+r\xi)$	$\begin{cases}q=\ln\mu_x-\frac{r^2}{2}\\r=\sqrt{\ln\left[1+\left(\frac{\sigma_x}{\mu_x}\right)^2\right]}\end{cases}$
卡方分布	$f(x)=\frac{1}{2^{q/2}\Gamma(q/2)}x^{q/2-1}\exp\left(-\frac{x}{2}\right)$	$x=q\left(\xi\sqrt{\frac{2}{9q}}+1-\frac{2}{9q}\right)^3$	$q=\mu_x$
指数分布	$f(x)=q\exp[-q(x-x_0)]$	$x=x_0-\frac{\ln[1-\Phi(\xi)]}{q}$	$\begin{cases}X_0=\mu_x-\sigma_x\\q=\frac{1}{\mu_x-x_0}\end{cases}$
伽马分布	$f(x)=\frac{x^{q-1}}{r^q\Gamma(q)}\exp\left(-\frac{x}{r}\right)$	$x=qr\left(\xi\sqrt{\frac{1}{9q}}+1-\frac{1}{9q}\right)^3$	$\begin{cases}q=\left(\frac{\mu_x}{\sigma_x}\right)^2\\r=\frac{\sigma_x^2}{\mu_x}\end{cases}$
瑞利分布	$f(x)=\frac{x-x_0}{q^2}\exp\left[-\frac{1}{2}\left(\frac{x-x_0}{q}\right)^2\right]$	$x=x_0+q\sqrt{-2\ln[1-\Phi(\xi)]}$	$\begin{cases}x_0=\mu_x-q\sqrt{\frac{\pi}{2}}\\q=\frac{\sigma_x}{\sqrt{\frac{4-\pi}{2}}}\end{cases}$

续表

分布类型	概率密度函数 $f(x)$	转换关系式 $x=F_X^{-1}[\Phi(\xi)]$	参数 q 和 r 与 μ_x 和 σ_x 的转换关系
极值Ⅰ型分布(极大值)	$f(x)=r\exp[-r(x-q)]\exp\cdot\{-\exp[-r(x-q)\}$	$x=q-\dfrac{\ln\{-\ln[\Phi(\xi)]\}}{r}$	$\begin{cases}q=\mu_x-\dfrac{0.5772}{r}\\ r=\dfrac{\pi}{\sqrt{6}\sigma_x}\end{cases}$
极值Ⅰ型分布(极小值)	$f(x)=r\exp[r(x-q)]\exp\{-\exp[r(x-q)]\}$	$x=q+\dfrac{\ln\{-\ln[1-\Phi(\xi)]\}}{r}$	$\begin{cases}q=\mu_x+\dfrac{0.5772}{r}\\ r=\dfrac{\pi}{\sqrt{6}\sigma_x}\end{cases}$
极值Ⅱ型分布	$f(x)=\dfrac{r(q-x_0)^r}{(x-x_0)^{r+1}}\exp\left[-\left(\dfrac{q-x_0}{x-x_0}\right)^r\right]$	$x=x_0+\dfrac{q-x_0}{\{-\ln[\Phi(\xi)]\}^{\frac{1}{r}}}$	$\begin{cases}\mu_x=x_0+(q-x_0)\Gamma\left(1-\dfrac{1}{r}\right)\\ \sigma_x=(q-x_0)\sqrt{\Gamma\left(1-\dfrac{2}{r}\right)-\Gamma^2\left(1-\dfrac{1}{r}\right)}\end{cases}$
韦布尔分布	$f(x)=\dfrac{r(x-x_0)^{r-1}}{(q-x_0)^r}\exp\left[-\left(\dfrac{x-x_0}{q-x_0}\right)^r\right]$	$x=x_0+(q-x_0)\{-\ln[1-\Phi(\xi)]\}^{\frac{1}{r}}$	$\begin{cases}\mu_x=x_0+(q-x_0)\Gamma\left(1+\dfrac{1}{r}\right)\\ \sigma_x=(q-x_0)\sqrt{\Gamma\left(1+\dfrac{2}{r}\right)-\Gamma^2\left(1+\dfrac{1}{r}\right)}\end{cases}$
贝塔分布	$f(x)=\dfrac{1}{\mathrm{B}(q,r)}(x-a)^{q-1}(b-x)^{r-1},a\leqslant x\leqslant b$ $\mathrm{B}(q,r)=\dfrac{\Gamma(q)\Gamma(r)}{\Gamma(q+r)}=\int_0^1 x^{q-1}(1-x)^{r-1}\mathrm{d}x$	$\dfrac{1}{\mathrm{B}(q,r)}\int_a^x(t-a)^{q-1}(b-t)^{r-1}\mathrm{d}t=\Phi(\xi)$ 上述非线性方程没有解析表达式，可采用牛顿迭代法或二分法求解	$\begin{cases}q=\left[\dfrac{(\mu_x-a)(b-\mu_x)}{\sigma_x^2}-1\right]\dfrac{\mu_x-a}{b-a}\\ r=\left[\dfrac{(\mu_x-a)(b-\mu_x)}{\sigma_x^2}-1\right]\dfrac{b-\mu_x}{b-a}\end{cases}$
截尾正态分布	$f(x)=\dfrac{\dfrac{1}{\sqrt{2\pi}r}\exp\left[-\dfrac{1}{2}\left(\dfrac{x-q}{r}\right)^2\right]}{\Phi\left(\dfrac{b-q}{r}\right)-\Phi\left(\dfrac{a-q}{r}\right)}$	$x=q+r\Phi^{-1}\left\{\Phi\left(\dfrac{a-q}{r}\right)+\left[\Phi\left(\dfrac{b-q}{r}\right)-\Phi\left(\dfrac{a-q}{r}\right)\right]\Phi(\xi)\right\}$	$\begin{cases}q=\mu_x\\ r=\sigma_x\end{cases}$
截尾指数分布	$f(x)=\dfrac{q\exp(-qx)}{\exp(-qa)-\exp(-qb)}$	$x=-\dfrac{1}{q}\ln\{\exp(-qa)-[\exp(-qa)-\exp(-qb)]\Phi(\xi)\}$	$q=\dfrac{1}{\mu_x}$